TURING 图灵新知

几何世界的邀请

[日] 小平邦彦——著
李慧慧——译
Kunihiko Kodaira

人民邮电出版社
北京

图书在版编目（CIP）数据

几何世界的邀请 /（日）小平邦彦著 ；李慧慧译
. -- 北京 ：人民邮电出版社，2017.12（2023.3重印）
（图灵新知）
ISBN 978-7-115-46908-3

Ⅰ. ①几… Ⅱ. ①小… ②李… Ⅲ. ①几何一普及读
物 Ⅳ. ①O18-49

中国版本图书馆CIP数据核字(2017)第231984号

内 容 提 要

平面几何是观察判断与逻辑思考的最佳结合，是初等数学教育中培育创造力的最好教材。本书为日本著名数学家、菲尔兹奖得主小平邦彦先生的几何入门作品，书中以欧几里得几何、希尔伯特几何、复数几何为轴线，由浅入深，层层深入，从作为图形科学的几何、作为数学的几何等不同角度介绍完整的几何世界，是几何入门、训练思维与创造力的佳作。

◆ 著　　　　［日］小平邦彦
　译　　　　李慧慧
　责任编辑　武晓宇
　装帧设计　broussaille私制
　责任印制　彭志环
◆ 人民邮电出版社出版发行　　北京市丰台区成寿寺路11号
　邮编　100164　　电子邮件　315@ptpress.com.cn
　网址　https://www.ptpress.com.cn
　涿州市京南印刷厂印刷
◆ 开本：880×1230　1/32
　印张：6.625　　　　　　2017年12月第1版
　字数：121千字　　　　　2023年3月河北第22次印刷
著作权合同登记号　图字：01-2017-4046号

定价：42.00元

读者服务热线：(010)84084456-6009　印装质量热线：(010)81055316
反盗版热线：(010)81055315
广告经营许可证：京东市监广登字20170147号

版 权 声 明

发明心理学与平面几何

曾经在某本书上读到过一个故事，大概是说爱因斯坦在思考问题时不使用语言进行思考。前些天，我突然很想确认这个故事的真实性，所以重新找出那本书来看，发现参考文献引用的是阿达马（Jacques Hadamard）的《数学领域的发明心理学》。于是立刻借了阿达马的这本书回来阅读，发现附录中收录有爱因斯坦写给阿达马的信。信的内容很长，主要内容如下："我认为语言在思考结构中没有发挥任何作用。在思考中发挥作用的要素，是某种自我生成、结合的形象。这种形象的结合游戏——早于由语言和符号构成的逻辑性结构的结合游戏——是创造性思考的本质特征。"

庞加莱在旅行中正准备登上马车时，刹那间发现了有关富克斯函数的重要内容。他在心理学协会发表演讲时，曾经将这一瞬间的发现解释为"长时间的先行研究在潜意识中发挥作用的表现"。阿达马在《数学领域的发明心理学》中围绕庞加莱的演讲内容，对发明心理学展开研究，最后得出了结论："潜意识"是影响发现的主要因素。也许"潜意识"听起来多少带有些神秘色彩，不过阿达马认为，我们的人脸识别功能也是"潜意识"的产物。

何谓"潜意识"？根据脑生理学研究表示，人的左脑和右脑具有不同的功能，左脑是分析性的，而右脑是综合性的（J. C. Eccles, *The Understanding of the Brain*, McGraw-Hill, 1973）。左脑负责语言、逻辑、计算等，右脑负责音乐、模式认知、几何等，而且令人惊讶的是，与自我意识相关的内容由左脑控制，不相关的则由右脑控制。

那么，阿达马所说的“潜意识”属于右脑的功能，现在看来也符合逻辑。而且，阿达马认为人脸识别是“潜意识”的产物，这与模式识别属于右脑的功能基本相符。

当然，我们对上述脑生理学的解释是否正确多少还心存怀疑，不过如果这个解释正确，那么以前我们在初中阶段学过的欧几里得平面几何应该是最适合初等教育的教材。平面几何需要看图形并对其进行验证。看图形属于右脑的功能，验证属于左脑的功能，因此平面几何将左脑和右脑联系起来，起到同时训练左右脑的作用。特别是画辅助线需要观察图形整体后作出综合判断，因此这也是训练右脑的最好方法。正如阿达马所说，如果发现“潜意识”即是右脑的功能，那么平面几何就是帮助培养创造力的最好教材。

近年来，日本的初等数学教育删除了欧几里得平面几何知识，看来因此而失去的东西远远超出了我们的认知。

小平邦彦

（摘自《惰者集：数感与数学》，小平邦彦　著）

前言

本书是我对岩波市民讲座上的平面几何讲义修订增补而成。全书由四部分构成。

序章通过引用挂谷宗一老师的教科书和秋山武太郎老师的参考书《理解几何学》的开篇内容，初步讲解了平面几何是一门研究可见图形现象（使用尺子和圆规在纸上画图形）的自然科学，即为图形科学。

第一章为本书的主要部分，围绕作为图形科学的平面几何的严密体系展开。章节末尾处的费尔巴哈定理是在创作本书时添加的内容，之前的讲义中没有此部分。

第二章引用希尔伯特的《几何学基础》的开篇内容，从现代数学的角度来思考严密的平面几何究竟是什么，并探讨作为数学的平面几何与作为图形科学的平面几何有何不同，以及考察了平面几何作为图形科学的严密性如何表现。如果用作数学初等教育（高中毕业之前的教育）的教材，作为图形科学的平面几何其严密性就足够了，超过学生学习程度的严密平面几何，反而会让学生难以理解透彻。因此，我认为作为图形科学的严密平面几何是数学初等教育最合适的教材。在这一章中，有一部分内容可能难以理解，如果觉得困难，可以跳过去继续往下读。

第三章是复数在平面几何中的应用。根据复数及其初步的应用，证明了平面几何中的一些定理。章节末尾处费尔巴哈定理的证明是原本讲义中没有的内容。

1991 年 7 月

小平邦彦

目录

序　章

当我读初中的时候，日本旧制中学一年级学习的数学是算术，从二年级到四年级学习的是代数和平面几何，五年级学习的是立体几何。从年龄上对应，旧制中学五年级相当于现在的高中二年级。那时和现在不一样，没有微分、积分，也没有概率、统计。那时的代数会讲解二次方程的解法、开平方法、对数计算、因数分解等内容，既不无聊也不有趣。但是，平面几何却非常有意思，给我留下了很深的印象。我听说，就连很多文科生也认为代数无聊，平面几何有意思。

我把当时的一本平面几何教科书和一本参考书带到这里来了。教科书是挂谷宗一[①]老师撰写的标准教科书[②]，参考书是秋山武太郎[③]老师的《理解几何学》[④]。《理解几何学》自1920年出版上市以来，多次再版重印，是一本印刷达到100多版的名著，曾经一度绝版，幸运的是，此书在1959年修订再版，直到现在还在出版。通过这本教科书和参考书，我们也能窥得平面几何这门有趣的学问拥有何种“性格”。

---

① 挂谷宗一，1886—1947，日本著名数学家，“挂谷问题”的提出者。挂谷问题的内容为：“一位武士，在上厕所时遭到敌人袭击，矢石如雨，而他只有一根短棒，为了挡住敌人的射击，需要将短棒旋转一周（360°）。但厕所很小，因此转动短棒时，应当使短棒扫过的面积尽可能小，则这个面积最小是多少？”——编者注

②《平面几何学》（平面幾何学），大日本图书，1926年。

③ 秋山武太郎，1884—1949，日本数学家、教师，著有日本几何名作《理解几何学》。——编者注

④《理解几何学》（わかる幾何学），高冈书店，1920年。修订版，日新出版，1959年。

首先，我们引用挂谷老师的教科书中开篇数页的内容要点。[①]

1. **几何学** 几何学是一门论述图形性质的学问。

2. **图形** 图形的基本内容有四个方面。

(1) **体** 所有的物体都占据空间的一部分。现在我们抛开物体在物理上的性质，当我们只考虑物体占据空间一部分的形状、大小以及位置时，我们称之为**体**。

(2) **面** 体的边界叫作**面**。面有长宽，没有厚度。

(3) **线** 面的边界叫作**线**。线有长度，没有宽度。

(4) **点** 线的边界叫作**点**。点有位置，没有大小。

体、面、线、点或四者的集合叫作**图形**。

明确词语意思的陈述（命题）叫作**定义**。上述带有下划线的陈述分别是体、面、线、点以及图形的定义。

我们把无需讲述理由且被认为是“真”的陈述称为**公理**。这是推理的基础性东西。

[**公理**] 图形可以在不改变其形状和大小的情况下改变其位置。

我们把这叫作**移动**[②]图形。

当两个图形通过移动完全重合之时，我们称这两个图形**全等**。

---

① 以下阴影部分均引自挂谷宗一所著的《平面几何学》，文中的图片的编号为原书中的编号。部分平面几何概念本书作者会在第一章中重新定义。——编者注

② 此处的含义包括平移、旋转。——编者注

3. **直线**　直线是线中最简单的图形。

[**定义**]　直线即为笔直的线。

它像绷紧的线，我们大概可以想象到直线的形状吧。

只说直线的话，它的两端可以无限延长。如果两端为有限的话，我们称之为**线段**。

[**公理**]　经过两点有且只有一条直线。

我们用米（m）、厘米（cm）、尺、寸等单位来测量线段的长度，我们已经学习过用数值来表示长度。

我们把连接两点线段的长度称作两点的**距离**。

4. **平面**　平面是面中最简单的图形。

[**定义**]　平面即为平坦的面。

它像静止的水面，我们大概可以想象到平面的形状吧。

[**公理**]　如果一条直线上的两点在一个平面内，那么这条直线上的所有点都在这个平面内。

5. **圆**

[**定义**]　圆即一个定点到某个边界上任何一点的距离都相等的平面部分。定点称为圆心，边界线称为圆周。

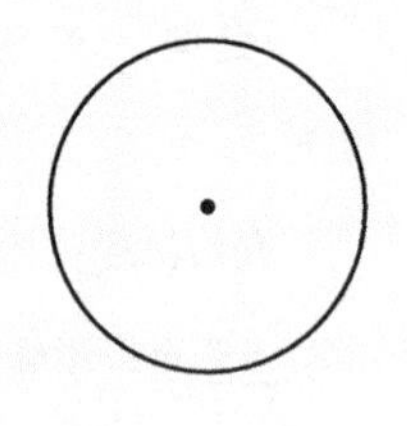

我们把圆周简称为圆。

6. **平面图形**　存在于平面上的图形叫作平面图形。

平面几何学是探讨平面图形性质的一门学问。也就是说，接下来我们讨论的图形都是在同一个平面上的图形。

阅读引述内容，我们可以立刻注意到，挂谷老师著作中图形的定义是基于物体的物理性质讨论的。“抛开物体在物理上的性质，当我们只考虑物体占据空间一部分的形状、大小以及位置时，我们称之为体。体的边界叫作面。面的边界叫作线。线的边界叫作点。体、面、线、点或四者的集合，我们称之为图形。”通过这些内容，我们能了解到，当时日本中学的几何还没有完全从自然科学中独立出来。有趣的是圆周的定义。在现代数学中，圆周的定义为从平面上的一点到一定距离的点的整体集合。以前却是把一个定点到某个边界上任何一点的距离都相等的平面部分称为圆，而这个边界叫作圆周。在这种定义中，完全没有出现“集合”这个词。

接下来，我们直接引用《理解几何学》的1～5页和12～13页的内容。①

在通常意义上，**几何**(Geometry)是指**平面几何学**，是解释以下内容的一门学科，例如将6个正三角形拼合成1个正六边形；如何作出正五边形；计算三角形的面积时要用三角形的底乘以高除以2，等等。

那么，本书中(或者不依照本书)学习几何的必要工具，只要有纸和铅笔便可，但如果要认真学习的话，还是希望大家准

① 以下阴影部分均引自秋山武太郎所著的《理解几何学》，文中的图片的编号为原书中的编号。部分平面几何概念本书作者会在第一章中重新定义。——编者注

备一把用于画直线的**尺子**和一个用于画圆的**圆规**。

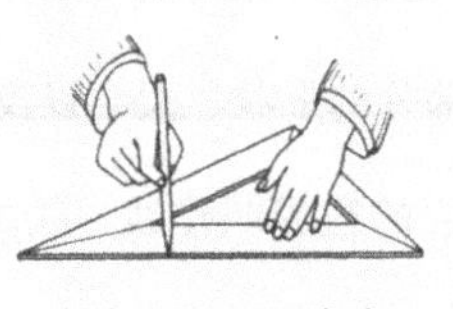

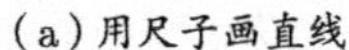

（a）用尺子画直线　　（b）用圆规画圆

图 1.1

用尺子画出的线是笔直的线，我们称之为**直线**。如果不使用尺子而直接用手画的话，无论如何努力画出的都是**曲线**（弯曲的线）。另外，用圆规画出的曲线，如果是一部分的话，我们称之为**圆弧**或者只称作**弧**；如果画一圈的话，我们称之为**圆周**或者简称为**圆**。此外，几何学中还有椭圆、抛物线、螺旋线等各种各样的线，但是，初级几何学只考虑直线和圆（或者弧）。因此使用的工具只有尺子和圆规，不需要使用椭圆圆规或者曲线板（一种弯曲复杂形状的尺子）。另外，有一点容易被忘记，那就是如果单说线的话，是包含直线和曲线两种情况的。

从这里开始，我们要经常使用**定义**这个词。定义即为解释词语意思的描述。例如，给直线下个定义的话，可以定义为“直线为非弯曲、笔直的线”，另外，给乌随便下个定义的话，可以是“乌为叽叽喳喳叫的漆黑的鸟”。接下来，我们列举几个词语的定义，现在不明白这些定义也没关系，或者，索性无视这些定义也没事儿。

定义（线）　**线**有位置和长度，没有宽度（线没有宽度，但在纸上画时会有微小的宽度)。

定义(点) 点有位置,没有大小(点比针尖、霉菌更小,小到没有大小。但在纸上画时,则会用即便是近视眼也可以看到的黑点来表示)。

定义(面) 面或者表面有位置和长宽,没有厚度(使肥皂泡或者胶皮气球鼓起时,可以形成一层非常薄的膜,当膜更加变薄,薄到完全没有厚度时称之为面。平坦的面称为平面,弯曲的面称为曲面,这一点之后再解释)。

定义(体) **体**或者**立体**有位置和容积(铅笔、小刀、橡皮擦都是立体。图 1.2 为立方体、圆柱体和球体,它们都是简单的立体)。

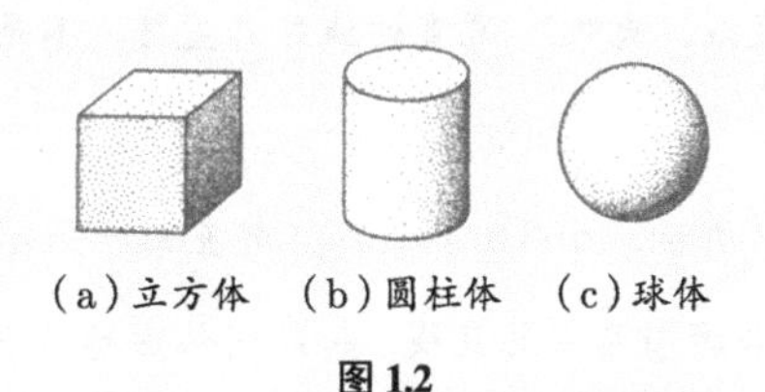
(a)立方体 (b)圆柱体 (c)球体

图 1.2

立方体的形状为长度、宽度、高度都相等的箱子。圆柱体的形状为茶叶桶或者罐头容器。球体的形状为皮球。

这 3 个立方体外侧的面的数量,其面连接处的线的数量,以及线相交处的点的数量如下:

1. 立方体有 6 个面(6 个面都是正方形,其中 3 个面没有在图中显示出来),有 12 条线(每条线的长度都相等,其中有 3 条线无法看到),有 8 个点(其中 1 个点无法看见)。

2. 圆柱体有 3 个面(其中 2 个面为圆形平面，剩下 1 个面为作为圆柱体躯体的筒状曲面)，有 2 条线(上下的圆周)，有 0 个点(也就是说没有点)。

3. 球体有 1 个面(这是一个被称作球面的没有缝隙的表面)，没有线，没有点。

定义(几何学) **几何学**是研究与形状、大小、位置相关的真理的学科(这种事无所谓，交给哲学老师就可以。还有一点要注意，下面的定义也无所谓)。

定义(图形) 点、线、面、体中的任何一项或者多项的集合叫作图形(我们通过在纸上作图来研究几何学)。

定义(直线，曲线) 笔直的线称作**直线**，不是直线的线称作**曲线**(这一点已经说明过了)。

如图 1.3 所示，可以把通过两点的直线叫作**穿过**两点的直线，或者叫作**经过**两点的直线，抑或叫作**贯穿**两点的直线，再或叫作在两点间作出的直线。换言之，把两点作为两边端点的直线称作**连接**两点的直线，或者叫作**联结**两点的直线，抑或叫作**连通**两点的直线。但是，使用“连接”和“穿过”这些不同的词语并不影响定义。

A B A B

(a) 通过两点的直线　(b) 在两点间作出的直线

图 1.3

给点命名(起名字)的话，可以在点的旁边写上 A 或者 B，我们称这为点 A 或者点 B。

图 1.3 的点 A 或者点 B 是直线中的点。说直线中的点已经能够很清楚地明白了，不过这也称为**直线上的点**，或者**直线上面的点**。绝不能把“直线上的点”误解为这是离开直线画在其上方的点。如果画在直线上方的话，会叫作**直线外**的点。总之，“点在直线上”和“直线通过点”的意思是一样的，另外，“点在直线外”和“直线不通过点”的意思是一样的。不能错误地使用直线上和直线外这两种表述。

根据长度不同，直线分为 3 种：**有限直线**、**无限直线**和**射线**。有限直线是有两个端点的直线，如长 5 cm 的直线、长 180 km 的直线，在纸上画的直线都是有限直线。无限直线和射线是想象的东西，实际是否存在还是未知。但是，无限直线没有端点，也就是说，是无限长的直线。另外，射线是半无限直线的简称，只有一个端点，另一侧则没有端点，这也是无限长的直线。但是，这 3 种直线一般仅会统称为直线，不会特意叫作有限直线或者无限直线。不过，当给出一条直线时，通过其表述的线索信息，我们应该能立刻知道该直线是哪一种直线。另外，如果将有限直线视为“直线的一部分”，我们也可以把有限直线叫作**线段**。

问题 1. 在一条直线上取 3 点，这条直线可以分为几部分。

［答］ 4 部分。

定义(平面) 平面是表面的一种，像镜面一样平坦(说得稍微复杂些的话，平面是在一个面中任意两处取两点，通过这两点的直线完全紧贴这个面）。

木匠刨木板的时候，每用刨子刨一次，都会将木工尺贴到木板上，来检测是否刨出了平面。

定义（平面几何学）研究画在一个平面上的图形的学问为**平面几何学**。

从现在开始来解释一下**公理**。所有的事情一旦追究其原因（或者理由），最终都会行至再也无法解释的状态。比如说，“电车为什么会动”“那是因为发动了电车车底的电动机”“电动机为什么会动”“那是因为导入了电力”“电力为什么会流动”“那是因为发电站输送来了电”“发电站为什么会有电”“那是因为利用水力发电机发电”“为什么水可以发电”“那是因为地球引力使水具有重力势能”“那么，地球为什么会有引力”“那是因为地球……”“地球为什么……”“因为地球中有……”等，最终到达某种再也无法解释的状态。

几何学领域也是如此，本书后文中的毕达哥拉斯定理、圆周角定理以及其他无论多么复杂的事情，掰开揉碎之后层层深入探求其原因，最终都会到达无法解释的地步，而这种无法再解释的原因就是公理。

公理一共有 4 个。

公理Ⅰ. 图形可以在不改变其形状和大小的情况下改变其位置。

用金属丝制作边长为 10 cm 的正方形边框，把它带到寒带地区的话，正方形的边长长度可能会变为 9.5 cm 或者 9.7 cm。相反，把它带到热带地区的话，正方形的边长长度会变大。这是因为金属具有热胀冷缩的性质。但是，几何学中的正方形，无论移动到任何地方，其形状和大小都不会发生变化，这就是**公理Ⅰ**的意思。

公理Ⅱ．两个平面重合形成一个平面。因为平面没有厚度，即便两个平面重合在一起，也会变成一个平面。

说个开玩笑的事情。据说如果把左甚五郎[①]刨平的两块木板重合浸水后，无论如何也无法将这两块木板分开。这个传说意在赞誉左甚五郎技艺精湛，将木板刨成了真正的平面。

公理Ⅲ．两点间最短的距离是连接两点的直线（线段），有且只有一条。

公理Ⅲ的意思是说，如图 1.4（a）所示，从一点到另一点有很多种路线，其中最短的是在两点间作的直线，距离最短的直线有且只有一条，绝不是像图（c）那样有两条通过 A、B 两点的线（但是，图（c）的两条线都是弯曲的，所以任何一条都不是直线）。另外，图（b）的意思说的是，仅仅是通过一个点，例如点 A，可以在各个方向作出无数条直线，但是通过两个点，点 A 和点 B，仅有一条直线。（**公理Ⅳ**之后再讲。）

---

① 日本江户时期的传奇雕刻家，技艺精湛。——编者注

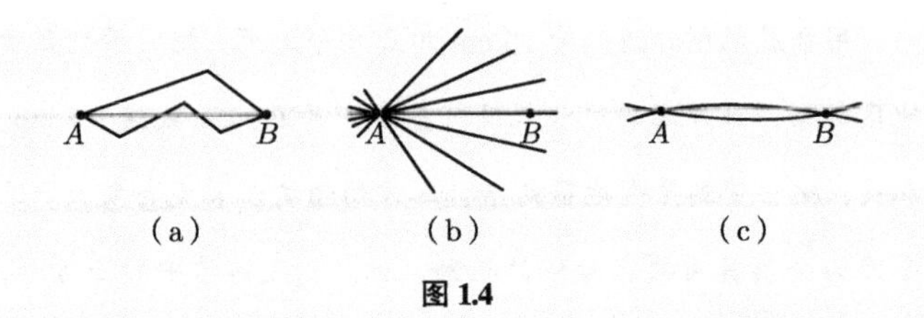

图 1.4

一般使用直线上的两点来命名直线。比如说图 1.3 的直线，两个图都叫作直线 AB，或者 AB 直线。

［**注**］ 下面终于要进入平面几何学的世界了。

例题 1. 存在 4 个点，通过其中 2 个点或者多个点的直线有几条。

［**解**］ 如图 1.5(a) 所示，4 个点都在同一条直线上时，直线的数量只有 1 条。如图 (b) 所示，只有 3 个点在同一条直线上时，直线的数量有 4 条。如图 (c) 所示，任何 3 个点都不在同一条直线上时，直线的数量有 6 条。

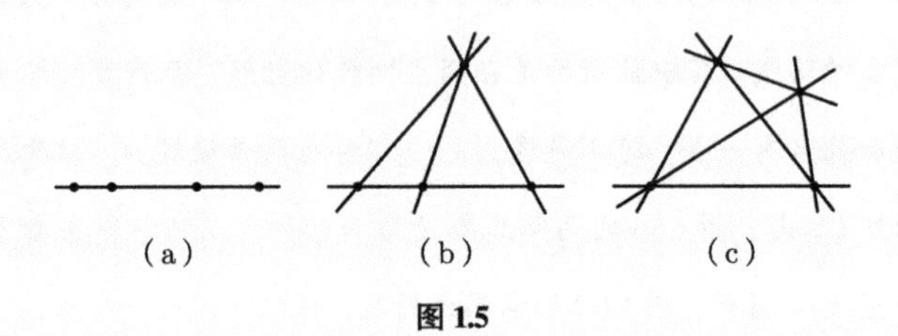

图 1.5

定义(角) 从一点画出来的两条射线所截取的平面的一部分，我们称之为**角**。另外，这个点叫作角的**顶点**，这两条射线叫作角的**边**(我们可以认为角的形状就像探照灯、机动车或者自行车前面的照明灯一样，光线从一点发散，永久扩展)。图 1.18 的两条直线 OA、OB 从点 O 出发，是没有尽头的直线(也就是射线)。

角使用顶点来命名。例如图 1.18 的角，其顶点为点 O，所以把这个称作角 O 或者 O 角；用符号来标记，写作 $\angle O$。还有一种命名方法，在角的两边 OA、OB 上分别标记点 A、点 B(依然为图 1.18)，则这个角可以称为角 AOB($\angle AOB$)，或者角 BOA($\angle BOA$)。比如说在图 1.19 中，整体的角为 $\angle AOC$ 或者 $\angle COA$，下面的角是 $\angle AOB$ 或者 $\angle BOA$，上面的角是 $\angle BOC$ 或者 $\angle COB$。如果使用 $\angle O$ 来表示的话，就会难以区分所指的角究竟是哪一个了。但是在图 1.18 中用 $\angle O$ 表示并不会造成误解，所以这种情况下没有必要特意称作 $\angle AOB$。

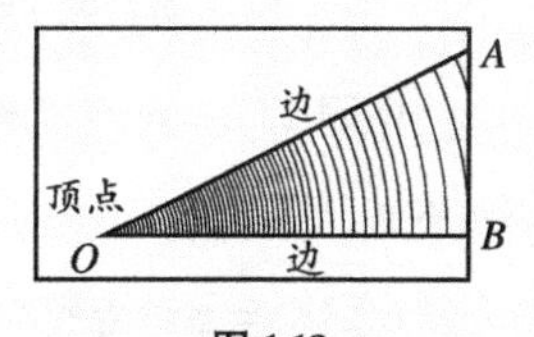

图 1.18

虽然角的边为射线，但是如果在纸上作图的话，也会如图 1.19 那样，角的边 OA、OB、OC 呈现为有限直线。所以，无论何时，我们都要把图中的角的

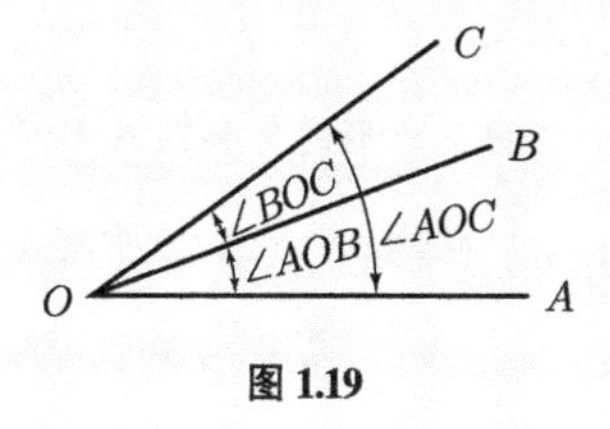

图 1.19

边想象为无限延长的射线。

问题 1. 在图 1.20 中，下面各个角指的是哪个角。

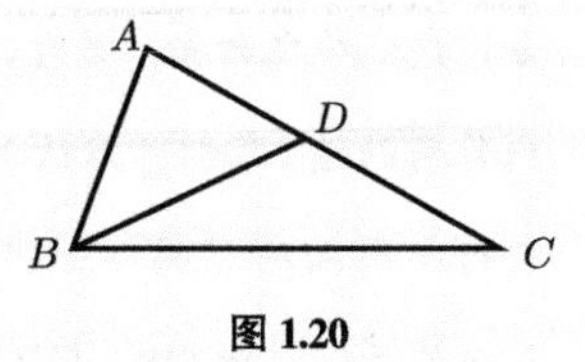

图 1.20

(1) $\angle ABD$　(2) $\angle DBC$

(3) $\angle BDC$　(4) $\angle BCD$

[答]　(1) 是 $\triangle ABD$(三角形 ABD) 的角 B 上面的角。(2) 是 $\triangle DBC$ 的角 B 下面的角。(3) 是 $\triangle DBC$ 的角 D。(4) 是 $\angle C$。

角的和以及差　在图 1.19 中，

$$\angle AOC = \angle AOB + \angle BOC$$

[(整体的角) = (下面的角) + (上面的角)]

$$\angle AOB = \angle AOC - \angle BOC$$

[(下面的角) = (整体的角) − (上面的角)]

问题 2. 三角形以及四边形各自都有几个角。七边形又有几个角。

[答]　三角形有 3 个角。四边形有 4 个角。七边形有 7 个角。

正如上面的问题 2 所示，多边形的边的数量、顶点的数量以及角的数量都是相同的。此外，刚开始学习几何学时，常常会把三角形的角和顶点弄混，所以必须要注意区分。

问题 3. 图 1.20 中有几个角。

[答]　总共有 7 个。其中 B 点有 3 个，D 点有 2 个，A 点有 1 个，C 点有 1 个。

问题 4. 图 1.20 中有几个三角形。

[答] $\triangle ABC$、$\triangle ABD$ 和 $\triangle DBC$，共有 3 个。

角的大小 角的大小不是指面积，而是指旋转量。图 1.21 的角 AOB，一条边 OA 像时钟的指针那样，在点 O 周围旋转，一直转到另一条边 OB。

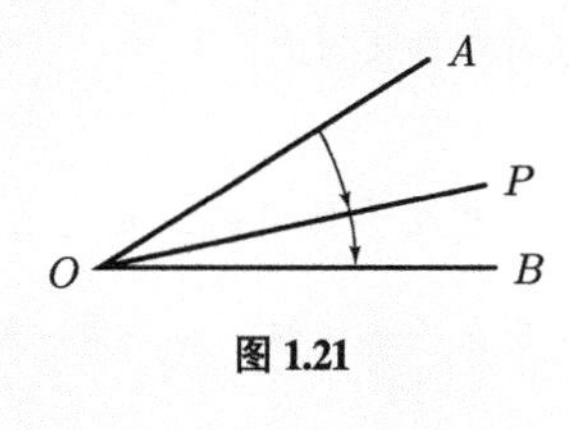

图 1.21

图中的 OP 表示了旋转时的情况。角的大小即是边旋转量的大小。

图 1.22 展示了角从小变大的过程。

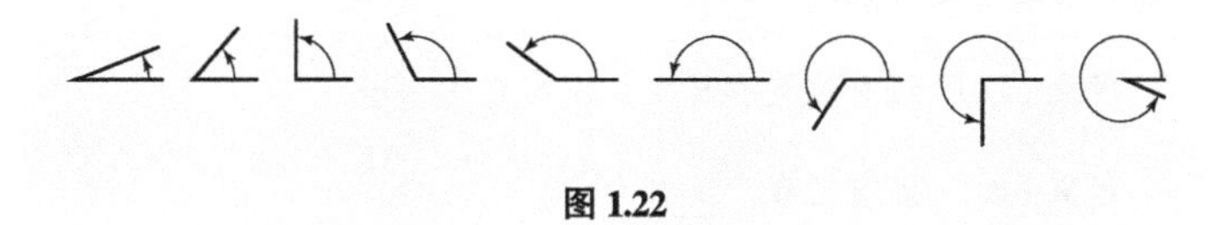

图 1.22

图 1.22 中 9 个角，左边的 2 个角是稍后将讲解的**锐角**（比直角小的角），再往右一个是**直角**（依然会在稍后讲解），接下来的 2 个是**钝角**（仍然在之后讲解，这是比直角大、比 2 个直角小的角），后面正好是 2 个直角的角（我们称之为**平角**），接着是稍微超出 2 个直角的角，下一个是正好是 3 个直角的角，最后一个是差点儿就成为 4 个直角的角。

注意，相等的角（同样大小的角）可以重合。

上面的引述内容中讲到，学习平面几何只要有纸和铅笔就可以，但是认真学习的话，还是希望大家准备一把尺子和一个圆规。之后立刻又写道：

用尺子画出的线是笔直的线，我们称之为**直线**……另外，用圆规画出的曲线，如果是一部分的话，我们称之为**圆弧**或者只称作**弧**；如果画一圈的话，我们称之为**圆周**或者简称为**圆**。

接着又解释了定义的意思，然后写道：

列举几个词语的定义，现在不明白这些定义也没关系，或者，索性无视这些定义也没事儿。

定义（线） **线**有位置和长度，没有宽度……

定义（点） **点**有位置，没有大小。

……

……

定义（几何学） **几何学**是研究与形状、大小、位置相关的真理的学科……

定义（图形） 点、线、面、体中的任何一项或者多项的集合叫作图形……

定义（直线，曲线） 笔直的线称作**直线**，不是直线的线称作**曲线**。

这样一来，和挂谷老师的教科书一样，秋山老师也同样写了线、点、几何学、图形、直线、曲线的定义。但是，秋山老师明确地说“不明白这些定义也没关系，或者，索性无视这些定义也没事儿”，所以实际上最开始的那句话是直线的定义，即“用尺子画出的线是笔直的线，我们称之为**直线**”。

接下来，书中讲到根据长度把直线分为有限直线、无限直线和射线 3 种，关于长度的内容，大家都了解得十分清楚，所以也没有来定义它，也没有解释它。之后再次讲到平面几何的定义：“研究关于画在一个平面上的图形的学问。”

可见，日本旧制中学的平面几何，是一门研究用尺子和圆规在纸上作出的图形的自然科学，即**图形科学**。

伴随着早些年数学教育的现代化，日本旧制中学的平面几何从初中教育中消失了。其中的一个原因是，从现代数学的角度来看，平面几何并不严密。但是，对我们旧制中学的学生而言，平面几何可以视为极其严密的学问体系。将不严密的平面几何视为严密的学问，这不是因为我们对逻辑严密性的批判能力不成熟，而是因为平面几何作为一种图形科学时是十分严密的。从现代数学的角度看，旧制中学的平面几何并不严密，但这并不是说平面几何的逻辑不严密，而是平面几何的数学不严密。

本书的第一章，将围绕作为图形科学的平面几何的严密体系展开讲述；第二章，将从现代数学的角度来思考严密的平面几何究竟是什么，并探讨作为数学的平面几何与作为图形科学的平面几何有何不同等内容；第三章，将阐述复数在平面几何中的初步应用。

第一章
作为图形科学的平面几何

平面几何作为图形科学，其研究对象如下图所示，是使用尺子和圆规作出来的图形。描绘图形是图形科学的实验，图形科学的理论用于解释图形现象，例如证明图中 P、Q、R 三点在同一条直线上。图形的绘制需要保证正确性，这和在物理学中的实验必须严谨是一样的。

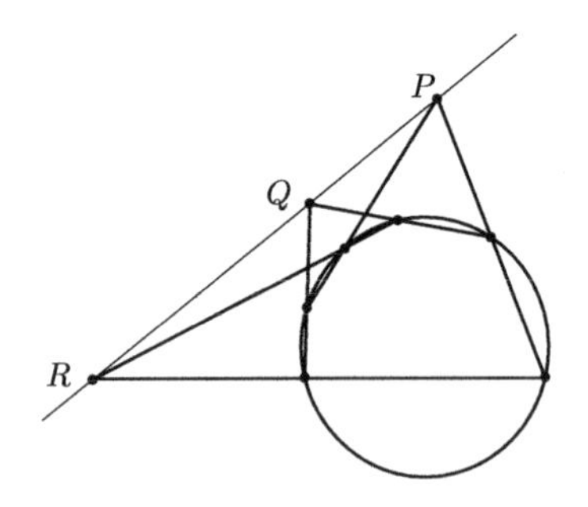

平面几何中，一般会把几个基本法则当作**公理**，根据公理通过论证来推导出各种各样的定理，从而构成一个体系，这叫作**建立公理系统**。

在本章中，我将尝试讲述作为图形科学的平面几何及其严密的公理系统。

§1 公理系统

我们首先来明确公理。

公理Ⅰ 图形可以在不改变其形状和大小的情况下改变其位置。

这是前文引用的《理解几何学》中的公理Ⅰ，也是挂谷老师的教科书中的第一个公理。

公理Ⅱ 通过两点的直线有且只有一条。

这是挂谷老师的教科书中的第二个公理。在这里，“直线”的意思是《理解几何学》中解释的没有端点的无限直线。通过两点 A 和 B 的直线叫作**直线** AB。

A　B

线段，射线 在直线 AB 上，点 A 和点 B 之间的部分叫作**线段** AB，A 和 B 是线段 AB 的**端点**。线段即《理解几何学》中所说的有限直线。线段 AB 的**长度**用 AB 来表示。当然，

A　B

$$BA = AB$$

连接 A、B 两点的线段 AB，其长度为 AB，这叫作 A 和 B 的**距离**。

从直线 AB 截取线段 AB 后，直线 AB 剩余的部分叫作线段

AB 的**延长线**。

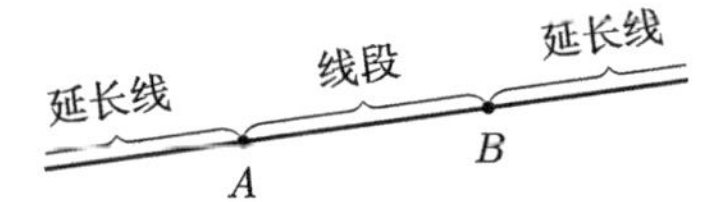

在直线上取一点 O，O 把这条直线分成两个部分。这两个部分都叫作**射线**，O 叫作直线的**开端**或者**端点**。把 O 作为端点且通过点 A 的这条射线叫作射线 OA，从直线 OA 截取射线 OA 后，直线 OA 剩余的部分叫作射线 OA 的延长线。另外，把 O 作为端点的射线叫作从 O **出发**的射线。

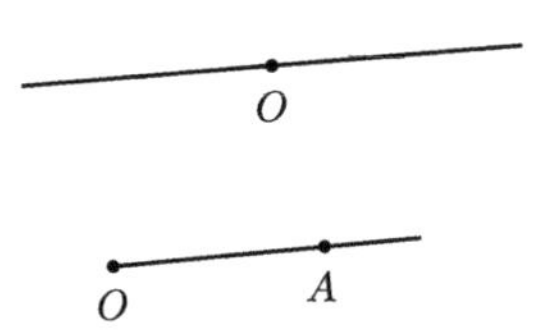

角　角是从一点 O 出发的两条射线构成的图形，O 是角的**顶点**，两条射线是**边**。在《理解几何学》中，角的定义是"从一点画出来的两条射线所截取的平面的一部分"。但是，本书认为，角是从一点出发的两条射线构成的图形，两条射线截取的平面的一部分（阴影部分）

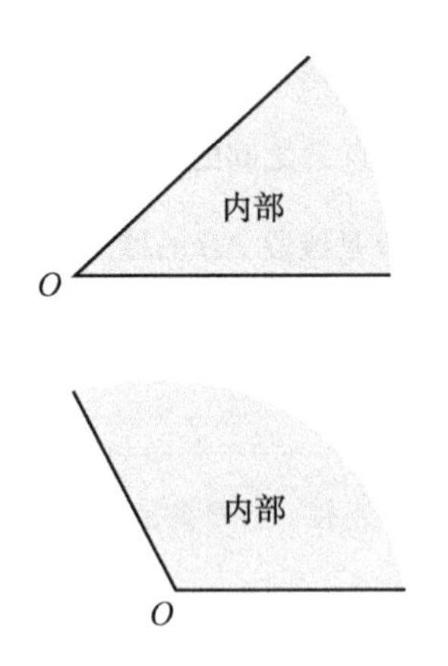

称作角的**内部**。角的内部是角的两边所围成的平面。

在直线上取两点 A、B，则可以把这条直线称作直线 AB。在角的两边分别取与顶点 O 不同的点 A 和点 B，则可以把这个角称作角 AOB。角 AOB 用 $\angle AOB$ 来表示，当然，$\angle AOB$ 和 $\angle BOA$ 是相同的角。

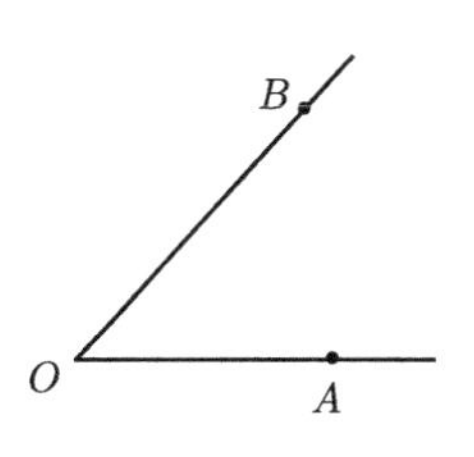

角的大小 《理解几何学》中把角的大小定义为：“其一条边围绕点 O 旋转，一直转到另一条边时的旋转量。”再清晰一些解释的话，围绕点 O 周围旋转的射线 OX 从射线 OA 的位置出发，一直旋转至射线 OB 的位置，此时，射线 OX 的旋转量为 $\angle AOB$ 的大小。$\angle AOB$ 的大小同样用符号 $\angle AOB$ 来表示。角的大小 $\angle AOB$ 是正实数。$\angle BOA$ 和 $\angle AOB$ 相同，所以

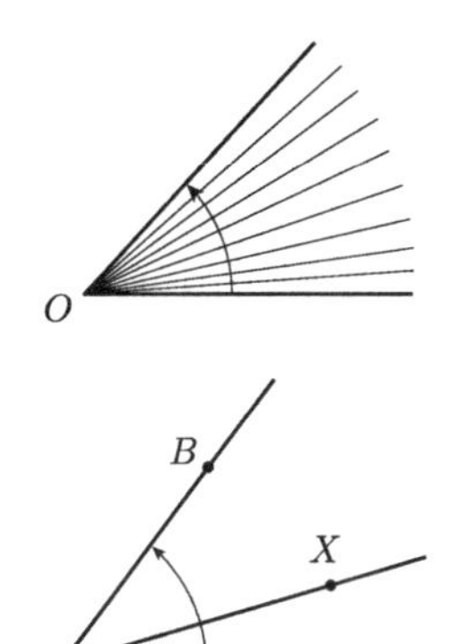

$$\angle BOA = \angle AOB$$

$\angle AOB$ 常常简写成 $\angle O$，此时，角的大小 $\angle AOB$ 也写成 $\angle O$。

定义在射线 OX 上 $OE = 1$ 处的点为 E 点，当射线 OX 从 OA 旋转至 OB 时，点 E 作出一个圆弧。这个圆弧的长度是射线 OX 的

旋转量，这样来想的话，我们就很清楚地明白旋转量的意思了。但是，圆弧的长度是平面几何范围外的知识，所以我们不能使用圆弧的长度来定义角的大小。

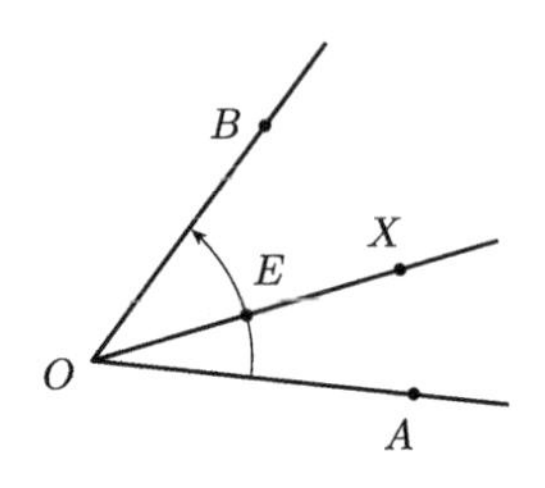

要想测量角的大小，从实用的角度来说，使用量角器是很方便的。量角器的刻度表示圆弧的长度，所以用量角器测量角的大小和用圆弧的长度表示角的大小的原理是相同的。

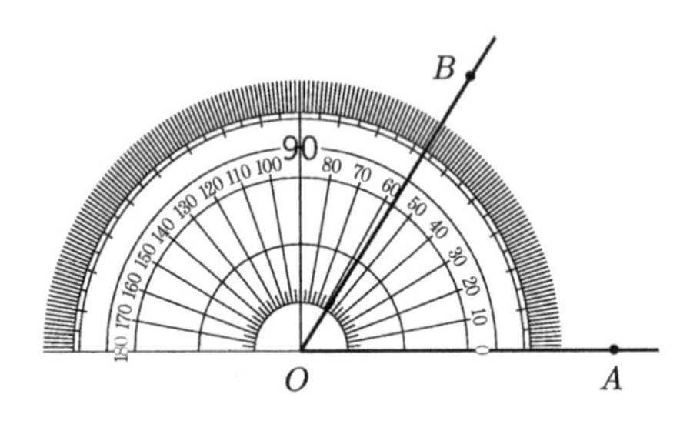

点 C 在 $\angle AOB$ 内部时，如果作出射线 OC，$\angle AOB$ 就会分成 $\angle AOC$ 和 $\angle COB$ 两个角。这时，角的大小的等式为

(1.1) $\angle AOB = \angle AOC + \angle COB$

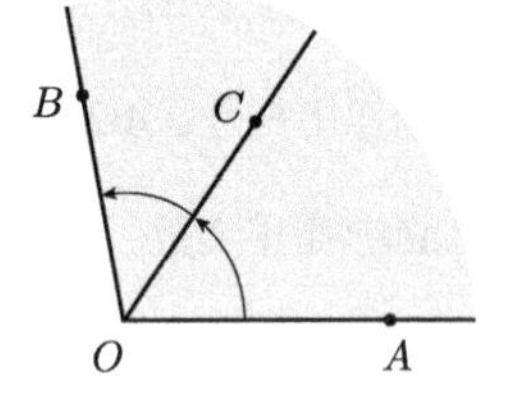

三角形 不在同一条直线上的三点 A、B、C 两两连接变成线段 BC、CA、AB，它们构成的图形叫作**三角形** ABC，用符号

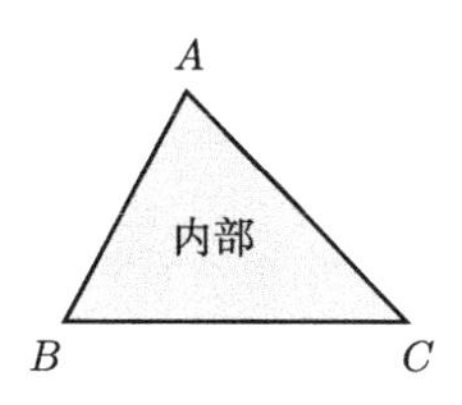

$\triangle ABC$来表示。点 A、B、C 叫作 $\triangle ABC$ 的**顶点**，线段 BC、CA、AB 叫作 $\triangle ABC$ 的**边**。$\angle BAC$、$\angle ABC$、$\angle BCA$ 叫作 $\triangle ABC$ 的**角**或者**内角**，有时简写成 $\angle A$、$\angle B$、$\angle C$。另外，把 $\angle A$、$\angle B$、$\angle C$ 分别叫作边 BC、CA、AB 的**对角**，边 BC、CA、AB 分别叫作 $\angle A$、$\angle B$、$\angle C$ 的**对边**。由三条线段 BC、CA、AB 围成的部分平面（阴影部分）叫作 $\triangle ABC$ 的**内部**。

公理Ⅲ　在 $\triangle ABC$ 中

$$AB < AC + CB$$

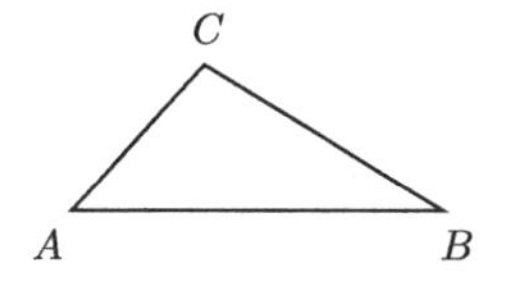

《理解几何学》的公理Ⅲ结合了此处讲到的公理Ⅱ与公理Ⅲ*。

公理Ⅲ*　线段 AB 是连接点 A 和点 B 两点间的最短距离。

我们可以知道，公理Ⅲ是公理Ⅲ* 的特殊情况。在本章的平面几何中，如果有公理Ⅲ，便不需要公理Ⅲ*。我们用公理Ⅲ取代公理Ⅲ*。

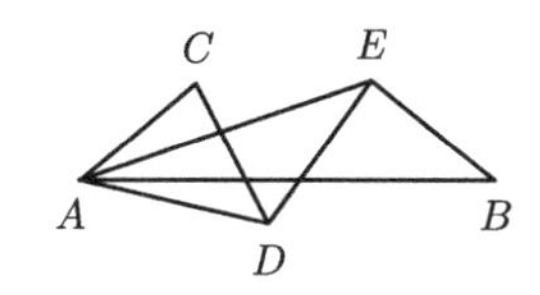

注意　在平面几何中，长度被明确定义的线仅仅是有限个线段连接而成的折线。举例来说，公理Ⅲ* 实际上主张，

当把点 A 和点 B 像前一页最下方的图那样用折线连接起来的时候，则

$$AB < AC + CD + DE + EB$$

将这个不等式与公理Ⅲ结合，可以做如下证明。

$$AB < AE + EB < AD + DE + EB < AC + CD + DE + EB$$

公理Ⅲ* 比公理Ⅲ要常见，但实际上与公理Ⅲ相同。

初中生应该很容易明白公理Ⅰ的意思。我也是在旧制中学时毫无异义地接受了公理Ⅰ。但是，仔细一想，我注意到，虽说图形可以在不改变其形状和大小的情况下改变其位置，但是“形状和大小”的意思并不是很清晰。庆幸的是，在本章中，适用公理Ⅰ的图形都是三角形。关于三角形，$\triangle ABC$ 的“形状和大小”是由 3 个角 $\angle A$、$\angle B$、$\angle C$ 的大小与 3 条边 BC、CA、AB 的长度来决定的。因此在适用三角形的情况下，公理Ⅰ变成如下内容：

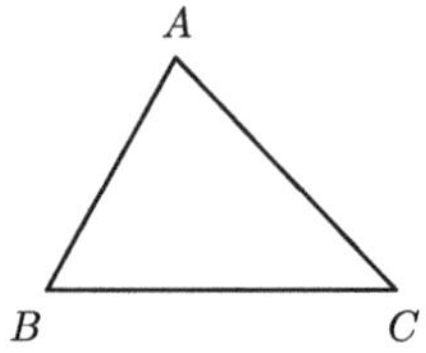

公理Ⅰ$^{\triangle}$　三角形可以在不改变 3 个角的大小和 3 条边的长度的情况下改变其位置。

这叫作**移动**[①]三角形。

如果将平面上的三角形看作是把三角尺放置在平面上，那么就

---

① 此处的移动包括平移、旋转。——编者注

可以随意平移、旋转三角形。在平面几何中，三角形并不是放置在平面上的，但是，与在平面上移动三角尺一样，平面几何中的三角形也可以自由移动，这就是公理Ⅰ△。

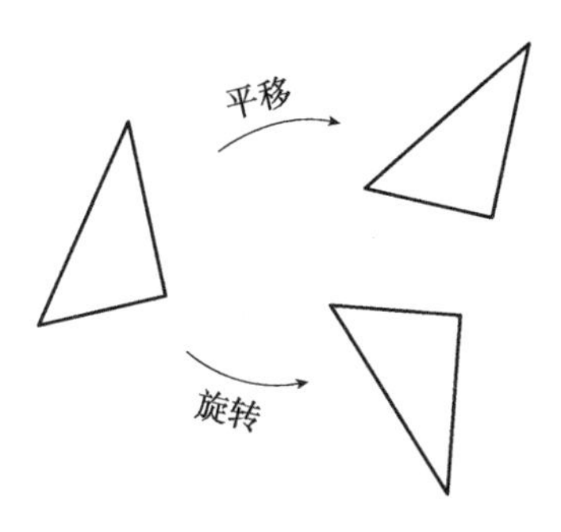

如上所述，本章适用公理Ⅰ的图形仅限于三角形，所以在此舍弃公理Ⅰ，取而代之使用公理Ⅰ△。因此就可以不使用“形状和大小”这种模糊的表达方式了。以防万一，我们在此整理总结一下前面提到的公理。

公理Ⅰ△　三角形可以在不改变 3 个角的大小和 3 条边的长度的情况下，改变其位置。

公理Ⅱ　通过两点的直线有且只有一条。

公理Ⅲ　在 $\triangle ABC$ 中，$AB < AC + CB$。

平角　如右图所示，当 A、O、B 三点在同一条直线时，把两条射线 OA 和 OB 组成

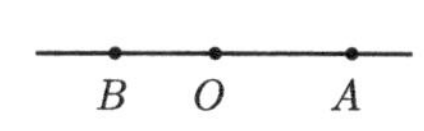

的图形视为角，用 $\angle AOB$ 来表示，这叫作**平角**。直线 AB 把平面分成两个部分。其中的一部分（下图中的阴影部分）叫作平角的内部。围绕点 O 旋转的射线 OX 从射线 OA 旋转至射线 OB，此时旋转量的大小为平角的大小。因此，当点 C 位于平角 $\angle AOB$ 内部时，等式 $\angle AOB=\angle AOC+\angle COB$ (1.1) 成立。

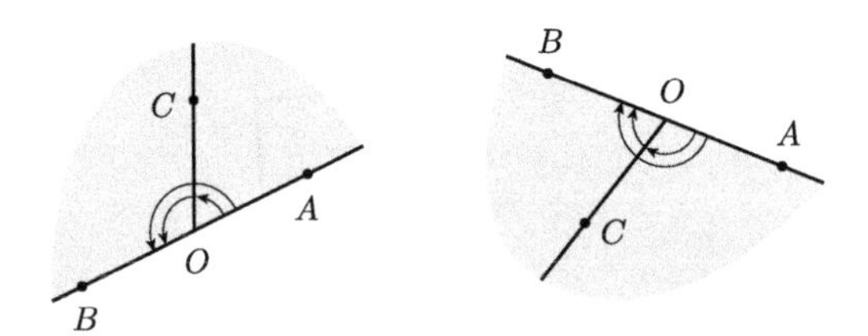

定理 1.1 平角都相等。也就是说，如果 $\angle AOB$ 和 $\angle CPD$ 都是平角，那么

$$\angle AOB=\angle CPD$$

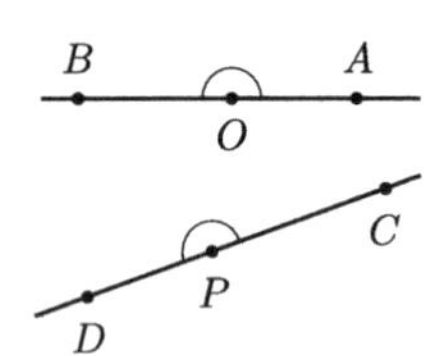

证明 假设 $\angle AOB$ 和 $\angle CPD$ 不相等。

那么，

$$\angle AOB>\angle CPD$$

或者，

$$\angle AOB<\angle CPD$$

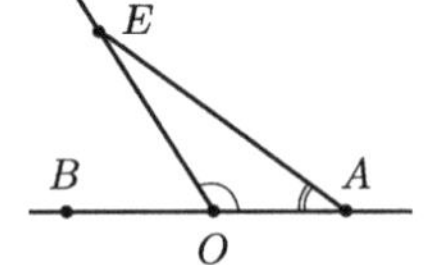

当 $\angle AOB>\angle CPD$ 时，定义 $\angle AOB$ 内部的点 E，使得

$$\angle AOE=\angle CPD$$

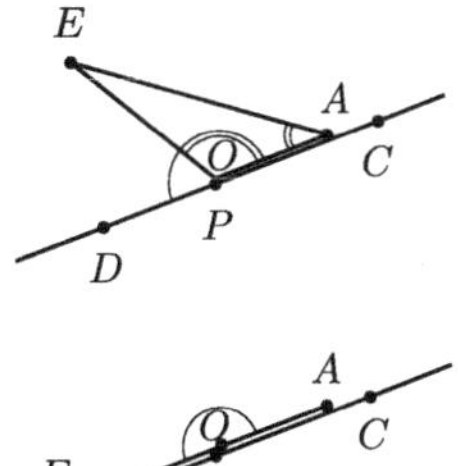

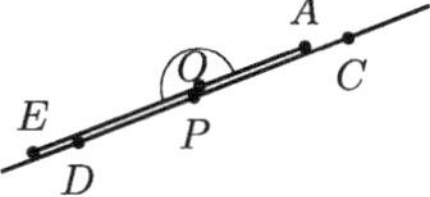

用线段连接 E 和 A，作出 $\triangle AOE$，根据公理 I$^{\triangle}$，移动 $\triangle AOE$，如右图的上图所示，使 O 和 P 重合，边 OA 和射线 PC 重合。因为 $\angle AOE = \angle CPD$，如右图的下图所示，边 OE 和射线 PD 重合，E 在射线 PD 上，这与 $\triangle AOE$ 的角 $\angle OAE$ 为正值相矛盾。

所以，$\angle AOB > \angle CPD$ 的假设不成立。假设 $\angle AOB < \angle CPD$，同理结果也会得出矛盾。$\angle AOB > \angle CPD$、$\angle AOB < \angle CPD$ 都不成立，因此 $\angle AOB = \angle CPD$（证毕）。

如此麻烦地证明“平角都相等”这种显而易见的定理，有可能会让人觉得奇怪，但是这是因为使用了代替公理 I 的公理 I$^{\triangle}$ 来证明的。如果使用公理 I，如下面内容所示，可以立刻证明两个平角 $\angle AOB$ 和 $\angle CPD$ 相等。移动平角 $\angle AOB$，使 O 和 P 重合，使边 OA 和 $\angle CPD$ 的边 PC 重合。根据公理 I，$\angle AOB$ 的形状不变，所以 B 在边 OA 的延长线上，因此边 OB 和 $\angle CPD$ 的边 PD 重合，因此 $\angle AOB = \angle CPD$（证毕）。

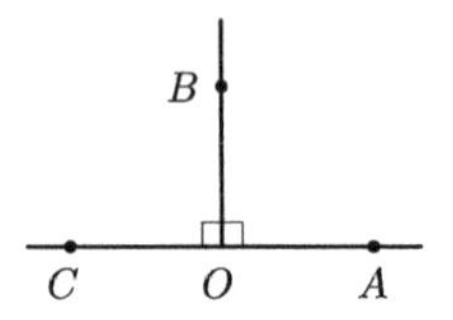

直角 在 $\angle AOB$ 的边 OA 的延长线上取一点 C，如果 $\angle AOB = \angle BOC$，那么 $\angle AOB$ 叫作直角。当然 $\angle BOC$ 也是**直角**。根据（1.1）可知，$\angle AOB + \angle BOC = \angle AOC$，所以 $2\angle AOB = \angle AOC$，因此直角 $\angle AOB$ 是平角 $\angle AOC$ 的 $\frac{1}{2}$。因此，根据定理 1.1 可知，

定理 1.2 所有直角都相等。

直角的大小用符号 $\angle R$ 表示。平角的大小为 $2\angle R$。

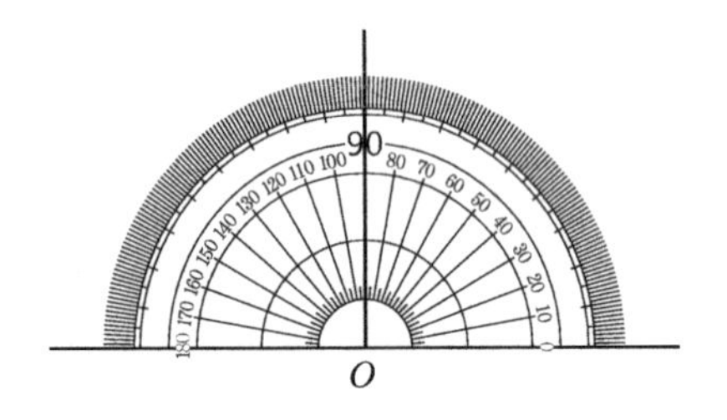

用量角器来量，直角是 $90°$，平角是 $180°$。

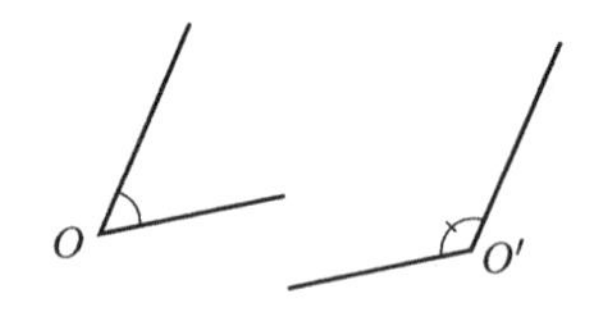

补角，对顶角 两个角 $\angle O$ 和 $\angle O'$ 的和等于平角，也就是说，当 $\angle O + \angle O' = 2\angle R$ 时，$\angle O'$ 叫作 $\angle O$ 的**补角**，$\angle O$ 和 $\angle O'$ **互为补角**。因为 $\angle O$ 是 $\angle O'$ 的补角，所以 $\angle O$ 的补角的补角等于 $\angle O$，即同角或等角的补角相等。

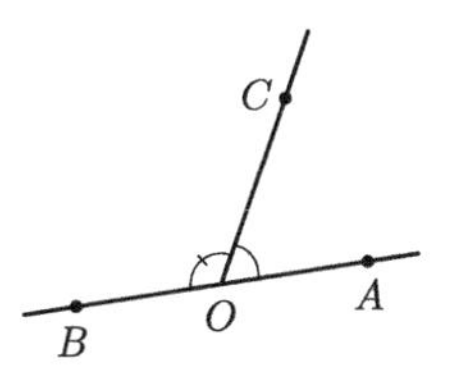

如右图所示，当射线 OC 从直线 AB 上的点 O 延伸出来之时，根据 (1.1) 可知

$$\angle AOC + \angle COB = \angle AOB = 2\angle R$$

所以 $\angle COB$ 是 $\angle AOC$ 的补角 [①]。

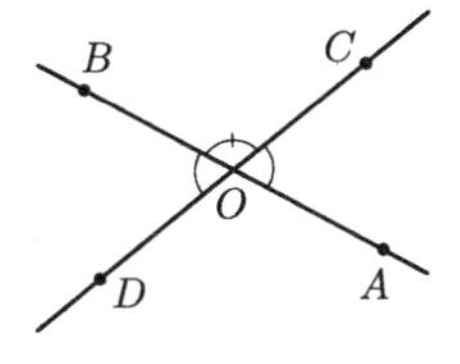

如右图所示，两条直线 AB 和 CD 在点 O 处相交时，把 $\angle BOD$ 叫作 $\angle AOC$ 的**对顶角**，另外，$\angle AOC$ 和 $\angle BOD$ 互为对顶角。当然，$\angle BOC$ 和 $\angle AOD$ 也互为对顶角。

定理 1.3　对顶角一定相等。

证明　$\angle COB$ 是 $\angle AOC$ 的补角，$\angle BOD$ 是 $\angle COB$ 的补角，同角或等角的补角相等，所以 $\angle BOD$ 与 $\angle AOC$ 相等（证毕）。

① 也称作邻补角。若两个角有一条公共边以及共同的顶点，且不公共的边成一条直线，那么这两个角互为邻补角。邻补角是一种特殊的补角。——译者注

§2　三角形的边长和角度

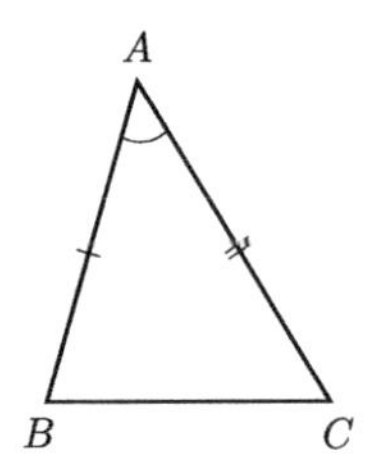

在 $\triangle ABC$ 中，$\angle A$ 叫作两条边 AB 和 AC 的**夹角**，边 BC 叫作第三边。这一节的主要内容是通过比较两条边分别相等的两个三角形，研究其夹角的大小与第三边边长的关系。

首先，我们来看下面这个定理。

定理 2.1　两条线段 AB 和 CD 相交，则

$$AB + CD > AC + BD$$

证明　如右图所示，线段 AB 和 CD 的交点为 O。由图可知

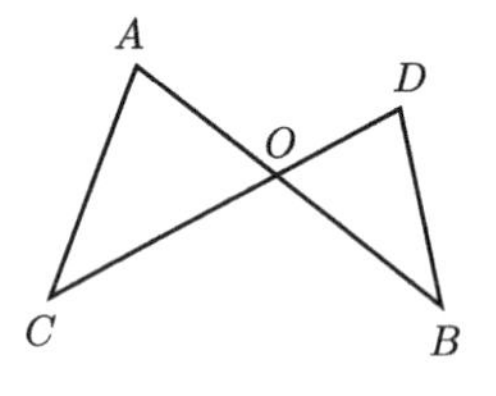

$$AB + CD = AO + OC + BO + OD$$

在 $\triangle OAC$ 和 $\triangle OBD$ 中分别应用公理Ⅲ，得出

$$AO + OC > AC，BO + OD > BD$$

因此

$$AB + CD > AC + BD \qquad \text{（证毕）}$$

定理 2.2　当点 O 在 $\triangle ABC$ 的内部之时，则

$$AB + AC > OB + OC$$

证明 在右图中，只有两个三角形 $\triangle ABC$ 和 $\triangle OBC$，即使在这两个三角形中分别应用公理Ⅲ，也无法证明此定理。因此，延长线段 BO，使之与边 AC 相交于点 D，从而构造出两个新的三角形 $\triangle ABD$ 和 $\triangle DOC$。应用公理Ⅲ，则

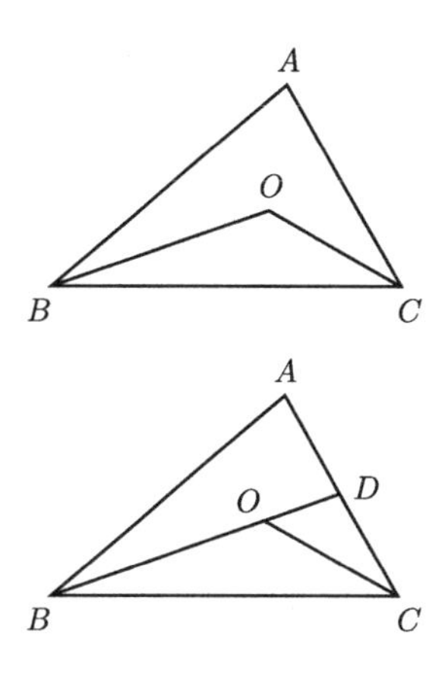

$$AB + AD > BD,\ DO + DC > OC$$

因此，

$$\begin{aligned} AB + AC &= AB + AD + DC > BD + DC \\ &= BO + DO + DC > OB + OC \end{aligned}$$

（证毕）

做了以上准备工作，下面我们来思考以下情况：两个三角形 $\triangle ABC$ 和 $\triangle DEF$ 的两条边分别相等，即 $AB = DE$，$AC = DF$。

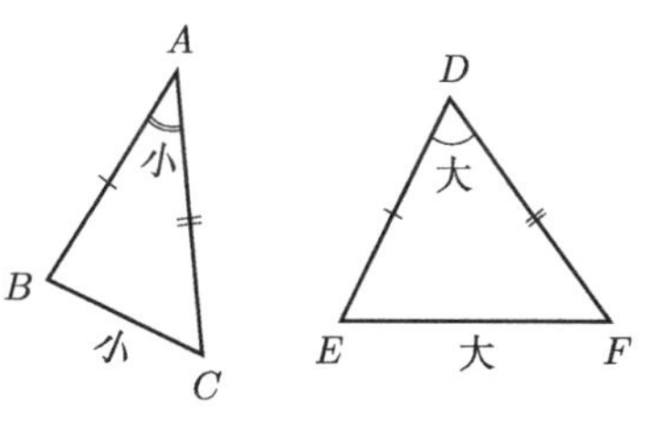

定理 2.3 在 $\triangle ABC$ 和 $\triangle DEF$ 中，$AB = DE$，$AC = DF$。如果

$$\angle A < \angle D$$

那么

$$BC < EF$$

证明 根据公理 I$^{\triangle}$，移动 $\triangle ABC$，使其边 AB 和 $\triangle DEF$ 的边 DE 重合，根据不同情况，可以作出下面三列图。(为了便于理解，图中将边 AB 和边 DE 略微分离了，但是实际上边 AB 和边 DE 完全重合不能分离。)

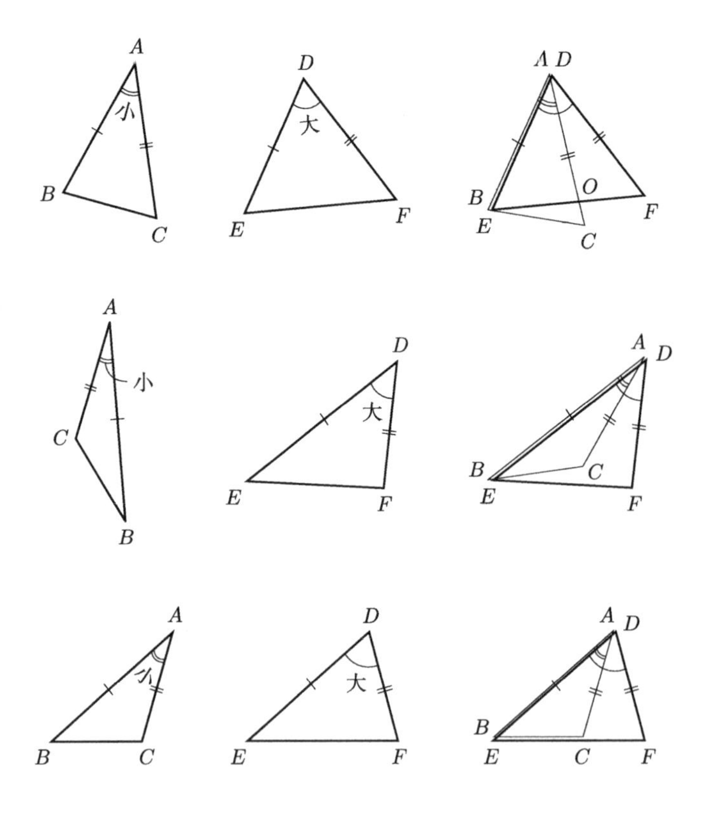

在第一行图中，线段 AC 和线段 FE 相交，根据定理 2.1，可得 $AF + CE < AC + FE$，即 $DF + BC < AC + EF$。根据条件可知，

$DF = AC$，所以 $BC < EF$。

在第二行图中，C 在 $\triangle FDE$ 的内部，所以根据定理 2.2，可得 $AC + BC < DF + EF$。根据条件可知，$AC = DF$。因此 $BC < EF$。

在第三行图中，同理可证 $BC < EF$（证毕）。

定理 2.4 在 $\triangle ABC$ 和 $\triangle DEF$ 中，$AB = DE$，$AC = DF$。如果

$$\angle A = \angle D$$

那么

$$BC = EF$$

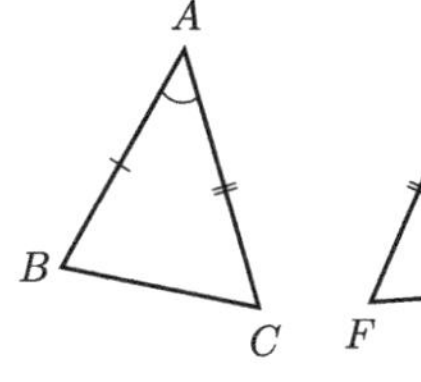

证明 如右图所示，移动 $\triangle ABC$ 使其边 AB 和 $\triangle DEF$ 的边 DE 重合，因为

$$\angle BAC = \angle EDF,$$

$$AC = DF$$

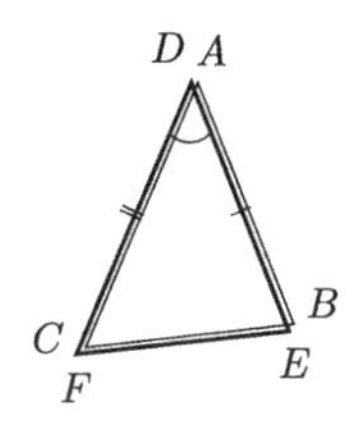

所以边 AC 和边 DF 重合。因此边 BC 和边 EF 重合，所以 BC 和 EF 相等（证毕）。

定理 2.5 在 $\triangle ABC$ 和 $\triangle DEF$ 中，$AB = DE$，$AC = DF$。如果

$$BC < EF$$

那么

$$\angle A < \angle D$$

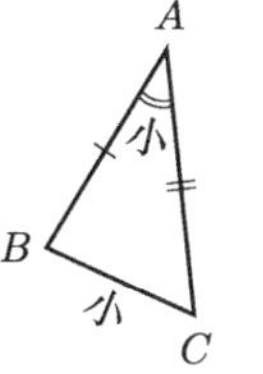

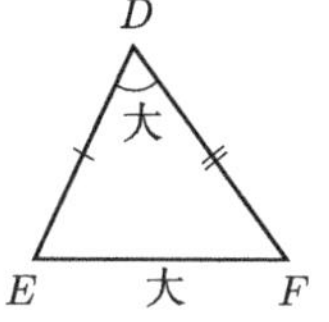

证明 假设定理不成立。即假设 $BC < EF$，但 $\angle A < \angle D$ 不成立。所以 $\angle A \geqslant \angle D$，即 $\angle A > \angle D$ 或者 $\angle A = \angle D$。根据定理 2.3 和定理 2.4 可知，如果 $\angle A > \angle D$ 那么 $BC > EF$，如果 $\angle A = \angle D$ 那么 $BC = EF$，这与 $BC < EF$ 相矛盾。假设定理不成立的情况得出了矛盾，所以原定理成立，即如果 $BC < EF$，那么 $\angle A < \angle D$（证毕）。

像上述证明这样，假设定理不成立，然后推导出矛盾，以此来证明这个定理成立的方法叫作**归谬法**或者**反证法**[①]。

外角 如右图所示，延长 $\triangle ABC$ 的边 AB，构造 $\angle CAD$。$\angle CAD$ 叫作 $\triangle ABC$ 的**外角**，$\angle B$ 和 $\angle C$ 叫作与它**不相邻的内角**。当然，$\angle BAE$ 也是 $\triangle ABC$ 的外角，$\angle B$ 和 $\angle C$ 是与**它不相邻的内角**。根据定理 1.3 对顶角相等可以得出

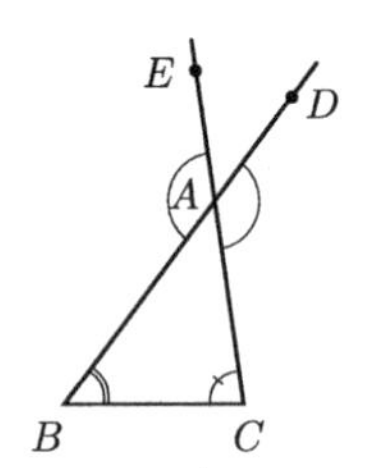

$$\angle BAE = \angle CAD$$

定理 2.6 三角形的任何一个外角大于任何一个与它不相邻的内角。

① 日本旧制中学体系中称为归谬法，现在称为反证法。“归谬法”的意思是“使其归于荒谬的方法”，这种论证方法很常见。

证明[①] 根据下图，证明

$$\angle CAD > \angle C = \angle ACB$$

为此，我们再次定义点 D 使 $AD = CB$，用线段连接 C 和 D，画出 $\triangle ACD$。比较 $\triangle CAB$ 和 $\triangle ACD$，可得 $CA = AC$，$CB = AD$（为了便于比较，只画出了移动 $\triangle CAB$ 的图），因此根据定理 2.5 可知，为了使 $\angle CAD > \angle C$，只需证明 $CD > AB$ 即可。

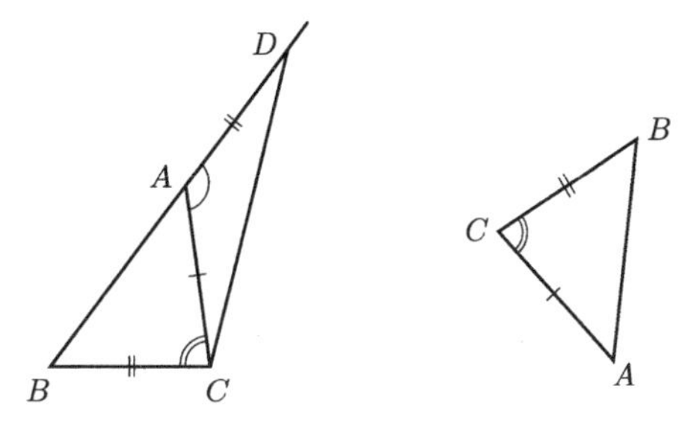

在 $\triangle BDC$ 中，根据公理Ⅲ可得

$$CB + CD > BD$$

又因为 $BD = AD + AB$、$AD = CB$，所以

$$CB + CD > BD = CB + AB,$$

因此 $CD > AB$。故可证明

$$\angle CAD > \angle C$$

---

①《理解几何学》，第 34、35 页。

同理，在右图中可以证明

$$\angle BAE > \angle B$$

$\angle BAE$ 与其对顶角 $\angle CAD$ 相等，所以

$$\angle CAD > \angle B$$

因此，可以证明 $\triangle ABC$ 的外角 $\angle CAD$ 大于任何一个与它不相邻的内角 $\angle B$ 和 $\angle C$（证毕）。

例题 在 $\triangle ABC$ 的内部取任意一点 O，则

$$\angle BOC > \angle A$$

证明 参照右图的话，证明过程不言而喻（证毕）。

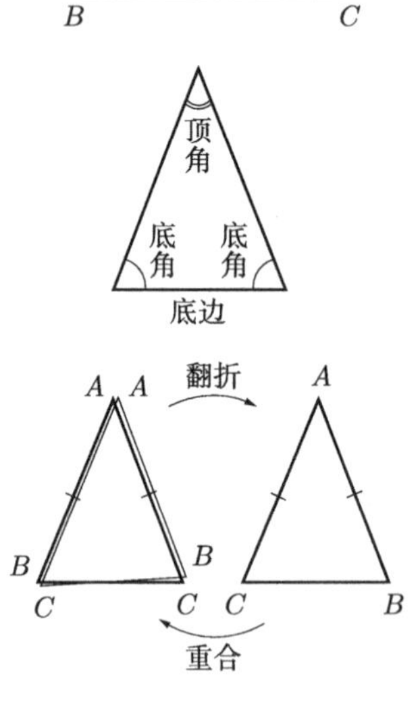

接下来，我们试着考察三角形角的大小和其对边的长短之间的关系。我们先从等腰三角形开始。

两条边相等的三角形叫作**等腰三角形**，相等的两条边组成的夹角叫作三角形的**顶角**，第三边叫作**底边**，底边两端的角叫作**底角**。

定理 2.7 等腰三角形的两个底角相等。

证明 在 $\triangle ABC$ 中，如果 $AB = AC$，那么只需证明 $\angle B = \angle C$

即可。翻折 $\triangle ABC$，将翻折后的 $\triangle ABC$ 与原 $\triangle ABC$ 叠加，两个三角形完全重合，所以 $\angle B = \angle C$（证毕）。

定理 2.8 当三角形的两条边不相等时，如果长边的对角大于短边的对角，即在 $\triangle ABC$ 中

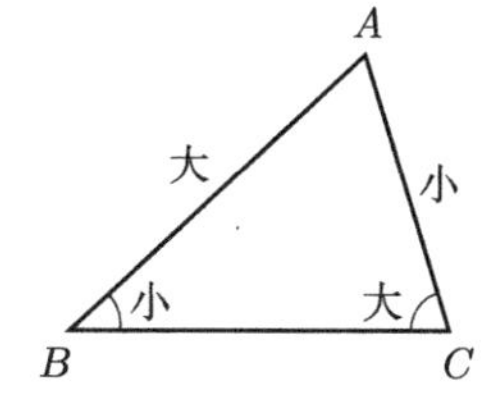

$$AB > AC$$

那么

$$\angle C > \angle B$$

证明 在边 AB 上取点 D 使

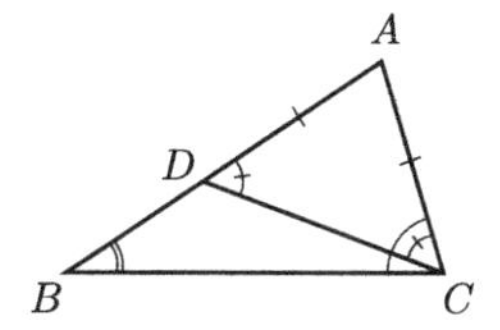

$$AD = AC$$

根据定理 2.7 可知，

$$\angle ACD = \angle ADC$$

根据定理 2.6 可知

$$\angle ADC > \angle B$$

所以

$$\angle C = \angle ACB > \angle ACD = \angle ADC > \angle B \qquad \text{（证毕）}$$

定理 2.9 当三角形的两个角不相等时，如果大角的对边大于小角的对边，即在 $\triangle ABC$ 中

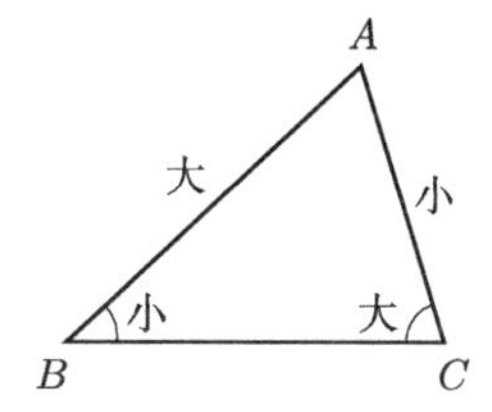

$$\angle C > \angle B$$

那么

$$AB > AC$$

证明 使用归谬法证明。假定 $AB > AC$ 不成立，则存在两种情况：$AB = AC$ 或者 $AB < AC$。如果 $AB = AC$，根据定理 2.7 可知 $\angle C = \angle B$。如果 $AB < AC$，根据定理 2.8 可知 $\angle C < \angle B$。这与 $\angle C > \angle B$ 相矛盾（证毕）。

在归谬法（反证法）的证明中，先假设定理不成立，然后通过进一步论证，得出与假设内容相矛盾的结果，即可推得定理成立。

定理 2.10 在 $\triangle ABC$ 中，如果

$$\angle B = \angle C$$

那么

$$AB = AC$$

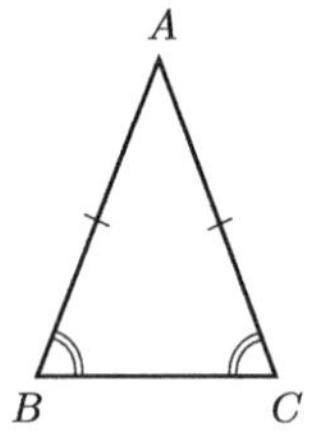

A

B C

证明 使用归谬法证明。假定 $AB = AC$ 不成立，则存在两种情况：$AB > AC$ 或者 $AC > AB$。根据定理 2.8 可知，如果 $AB > AC$，那么 $\angle C > \angle B$。如果 $AC > AB$，那么 $\angle B > \angle C$。这与 $\angle B = \angle C$ 相矛盾（证毕）。

§3 三角形的全等定理

我们先从三角形全等的定义开始。已知 $\triangle ABC$ 和 $\triangle DEF$，如下图所示，移动 $\triangle ABC$，当其顶点 A、B、C 分别能与 D、E、F 重合时，$\triangle ABC$ 和 $\triangle DEF$ **全等**，使用符号 $\equiv$ 表示为

$$\triangle ABC \equiv \triangle DEF$$

移动 $\triangle ABC$，如果 A、B、C 和 D、E、F 分别重合，那么边 BC、

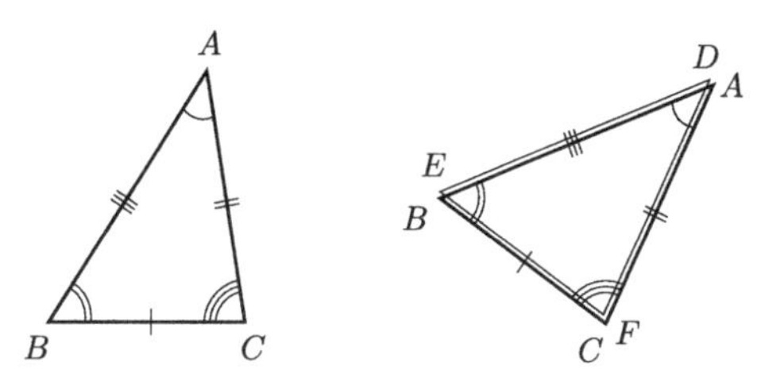

CA、AB 也和边 EF、FD、DE 重合，$\triangle ABC$ 和 $\triangle DEF$ 重合。又因为三角形可以在不改变角的大小和边的长度的情况下改变其位置，所以等式

$$\angle A=\angle D,\ \angle B=\angle E,\ \angle C=\angle F, \tag{3.1}$$
$$BC=EF,\ CA=FD,\ AB=DE$$

成立。

关于三角形的全等，如果

$$\triangle ABC \equiv \triangle DEF，\triangle DEF \equiv \triangle GHK$$

那么

$$\triangle ABC \equiv \triangle GHK$$

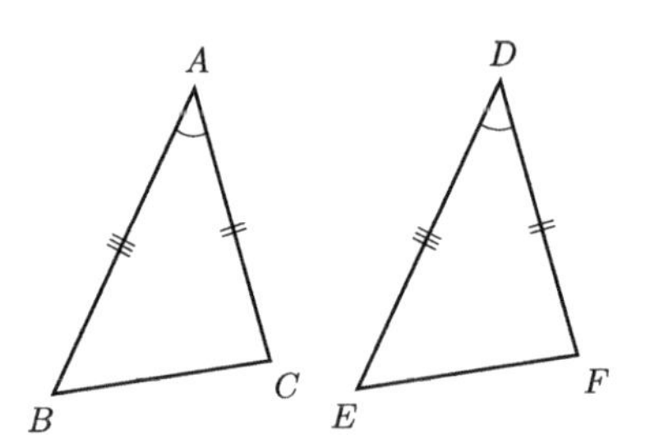

定理 3.1（边角边定理 SAS） 在两个三角形中，各个三角形的其中两条边的长度对应相等，且这两条边的夹角对应相等，那么这两个三角形全等。即在 $\triangle ABC$ 和 $\triangle DEF$ 中，如果

$$AB = DE，AC = DF，\angle A = \angle D$$

那么

$$\triangle ABC \equiv \triangle DEF$$

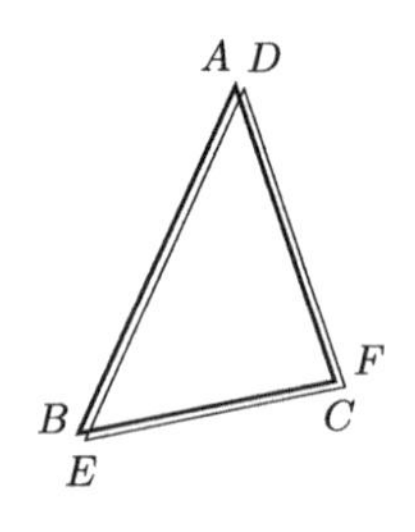

证明 根据公理 I$^{\triangle}$ 移动 $\triangle ABC$，如右图所示，如果边 AB 和 $\triangle DEF$ 的边 DE 重合，那么 $\angle A = \angle D$，$AC = DF$，所以边 AC 和边 DF 重合。因此 A、B、C 分别与 D、E、F 重合（证毕）。

推论 在 $\triangle ABC$ 和 $\triangle DEF$ 中 (3.1) 的等式成立，即如果

$$\angle A = \angle D，\angle B = \angle E，\angle C = \angle F$$

$$BC = EF,\ CA = FD,\ AB = DE$$

那么

$$\triangle ABC \equiv \triangle DEF$$

定理 3.2(角边角定理ASA） 在两个三角形中，各个三角形的其中两个角对应相等，且这两个角的夹边对应相等，那么这两个三角形全等。即在$\triangle ABC$和$\triangle DEF$中，如果

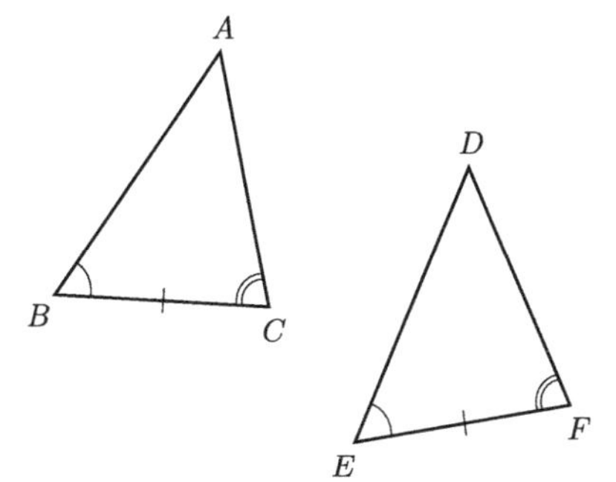

$$BC = EF,\ \angle B = \angle E,\ \angle C = \angle F$$

那么

$$\triangle ABC \equiv \triangle DEF$$

证明 根据公理Ⅰ$^{\triangle}$移动$\triangle ABC$，如右图所示，边BC和$\triangle DEF$的边EF重合。因为$\angle B = \angle E$，$\angle C = \angle F$，所以射线BA和射线ED重合，射线CA和射线FD重合(证毕)。

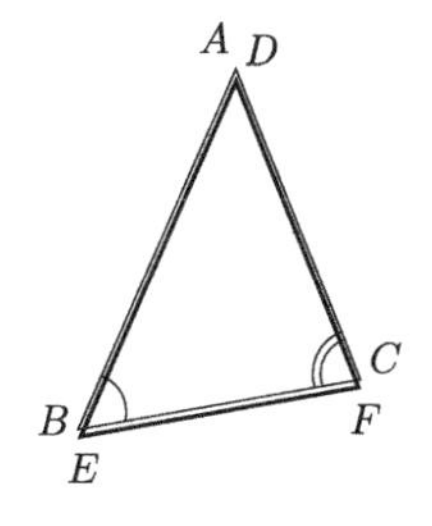

定理 3.3(边边边定理SSS） 在两个三角形中，各个三角形的三条边对应都相等，那么这两个三角形全等。即在$\triangle ABC$和$\triangle DEF$中，如果

$$AB = DE,\ BC = EF,\ CA = FD$$

那么

$$\triangle ABC \equiv \triangle DEF$$

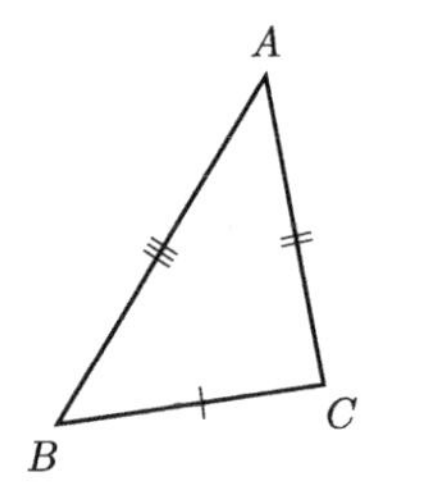

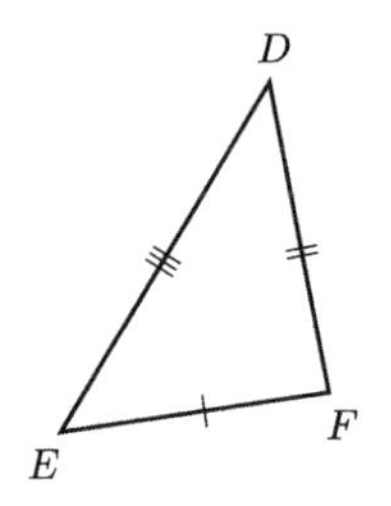

证明 移动$\triangle ABC$，如右图所示，使边BC和$\triangle DEF$的边EF重合，但这个定理无法被立刻证明。但是，如果$\angle A = \angle D$的话，根据边角边定理（定理3.1）可以得出$\triangle ABC \equiv \triangle DEF$。

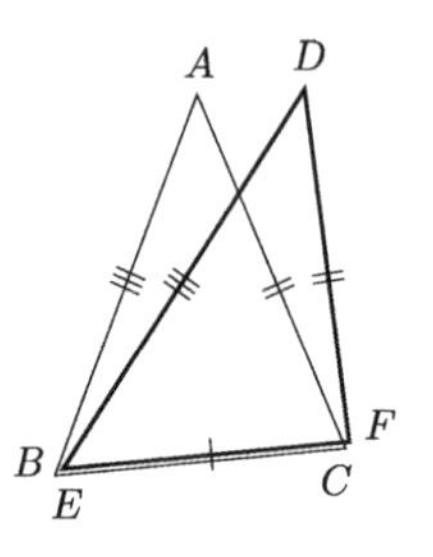

故使用归谬法来证明$\angle A = \angle D$。假定$\angle A \neq \angle D$，则存在两种情况：$\angle A < \angle D$或者$\angle A > \angle D$。根据定理2.3可知，如果$\angle A < \angle D$，那么$BC < EF$，如果$\angle A > \angle D$，那么$BC > EF$。这与$BC = EF$相矛盾。因此$\angle A = \angle D$，所以$\triangle ABC \equiv \triangle DEF$（证毕）。

定理3.4（两角一对边定理） 在两个三角形中，各个三角形的两个角对应相等，且其中一个角的对边对应相等，那么这两个三角形全等。即在$\triangle ABC$和$\triangle DEF$中，如果

$$\angle A=\angle D,\ \angle B=\angle E,\ AC=DF$$

那么

$$\triangle ABC\equiv\triangle DEF$$

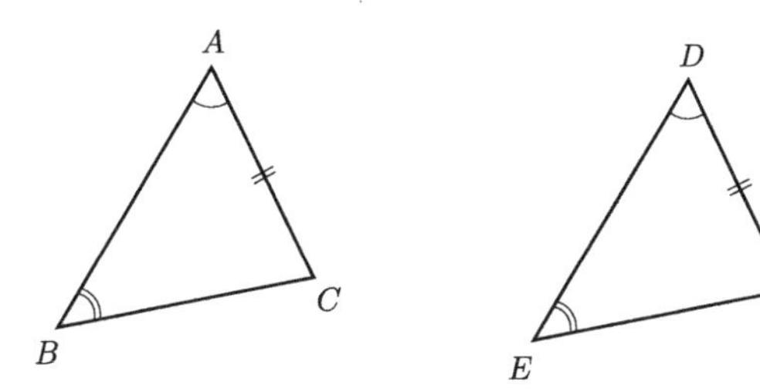

证明 如果 $AB=DE$，那么根据边角边定理（定理 3.1）可以得出 $\triangle ABC\equiv\triangle DEF$，所以，只需要证明 $AB=DE$ 即可。

使用归谬法证明 $AB=DE$。假定 $AB\neq DE$，则存在两种情况：$AB>DE$ 或者 $AB<DE$，任何一种情况结果都相同，所以只需假定 $AB>DE$ 即可。定义边 AB 上的点 G 使得 $AG=DE$。根据边角边定理（定理 3.1）可以得出 $\triangle AGC\equiv\triangle DEF$（移动 $\triangle DEF$，

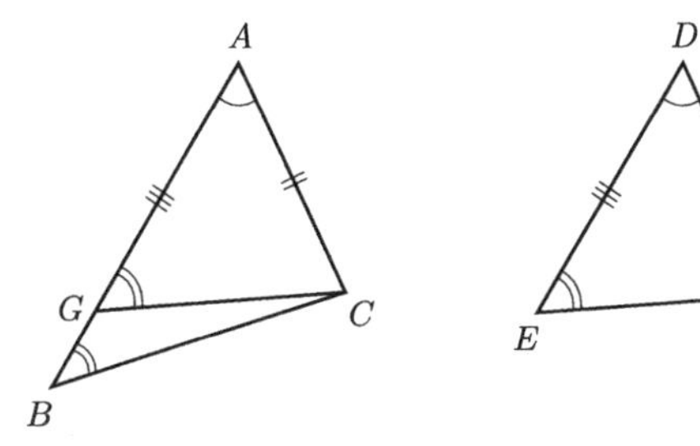

如果边 DF 和边 AC 重合，射线 DE 和射线 AB 重合，那么 E 就与 G 重合）。因此

$$\angle E = \angle AGC$$

G 在 A 和 B 的中间，因此 $\angle AGC$ 是 $\triangle GBC$ 的外角，所以，根据定理 2.6 可知

$$\angle E = \angle AGC > \angle B$$

这与 $\angle B = \angle E$ 相矛盾（证毕）。

垂直，垂线　如右图所示，当两条直线 AB 和 CD 相交于点 O 之时，如果 $\angle AOC = \angle R$，那么直线 CD **垂直**于直线 AB，或者可以说成直线 AB 和直线 CD 相垂直，写作

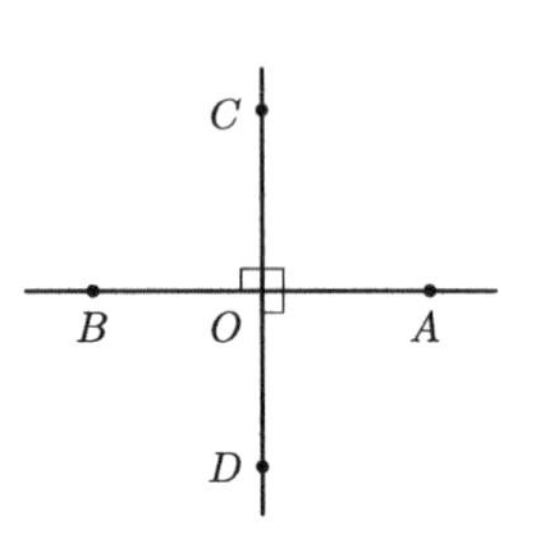

$$CD \perp AB$$

此时，因为对顶角相等（定理 1.3），所以直线 AB 和直线 CD 相交形成的四个角都是直角：

$$\angle AOC = \angle COB = \angle BOD = \angle DOA = \angle R$$

另外，也可以说成线段 CD 垂直于直线 AB、线段 AB 和线段 CD 互相垂直等。

通过直线 AB 上的点 O，垂直于直线 AB 的直线有且只有一条，

看右图的上图便一目了然。

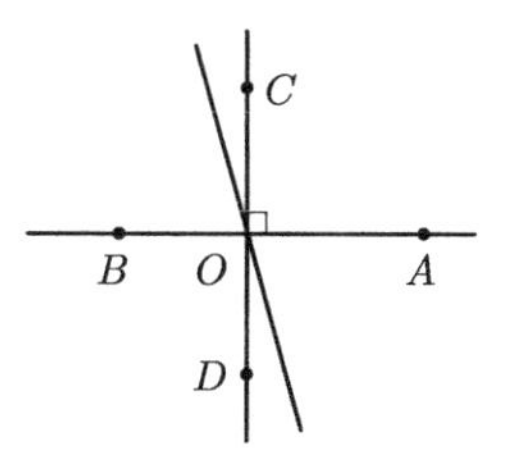

证明通过直线 AB 外的点 C，垂直于直线 AB 的直线有且只有一条。假定通过点 C 垂直于直线 AB 的直线有两条，如右图所示，如果这两条直线和直线 AB 分别相交于点 H、K，那么

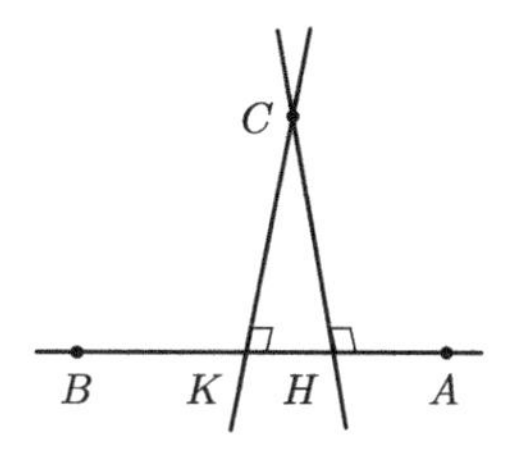

$$\angle CHA = \angle CKA = \angle R$$

这与 $\triangle HCK$ 的外角 $\angle CHA$ 大于不与它相邻的内角 $\angle CKA$（定理 2.6）相矛盾。

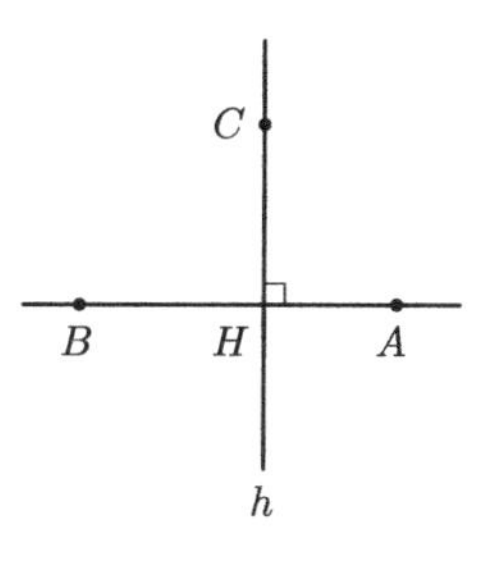

垂直于直线 AB 的直线叫作直线 AB 的垂线。

已知直线 AB 和点 C，如上所述，通过点 C 垂直于直线 AB 的直线有且只有一条。当 C 位于直线之外，把通过点 C 垂直于直线 AB 的直线 h 叫作**过直线外一点 C 作已知直线 AB 的垂线**，把 h 和直线 AB 的交点叫作垂线 h 的**垂足**。

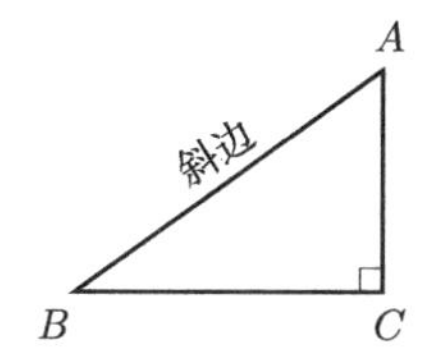

直角三角形　有一个角是直角的三角形叫作**直角三角形**，直角的对边叫作**斜边**。在 $\triangle ABC$ 中，如果 $\angle C = \angle R$，那么边 AB 是直

角三角形 $\triangle ABC$ 的斜边。

小于直角的角叫作**锐角**，大于直角且小于平角的角叫作**钝角**。

定理 3.5 直角三角形中，斜边大于任何一条直角边，不是直角的两个角都为锐角。

证明 在 $\triangle ABC$ 中，如果

$$\angle C = \angle BCA = \angle R$$

如右图所示，取边 BC 延长线上的一点 D。因为三角形的外角大于不与它相邻的内角（定理 2.6），所以

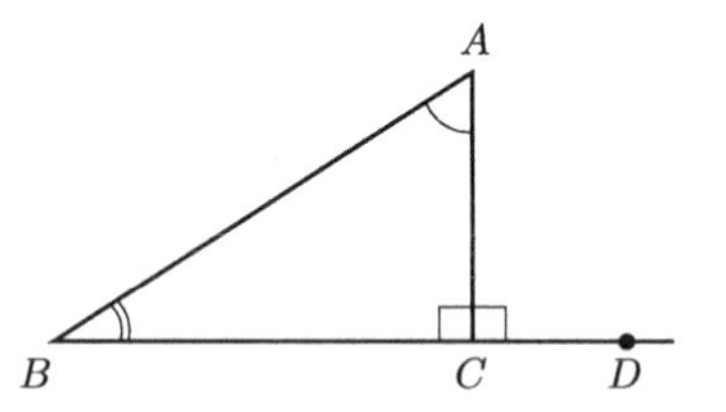

$$\angle A < \angle ACD = \angle R$$

$$\angle B < \angle ACD = \angle R$$

即 $\angle A$ 和 $\angle B$ 都是锐角。因为三角形大角的对边长于小角的对边（定理 2.9），所以

$$AB > BC，AB > AC \text{（证毕）}$$

对于直角三角形，下面的全等定理成立。

定理 3.6（斜边直角边定理）在 $\triangle ABC$ 和 $\triangle DEF$ 中，如果

$$\angle C = \angle F = \angle R$$

$$AB = DE$$

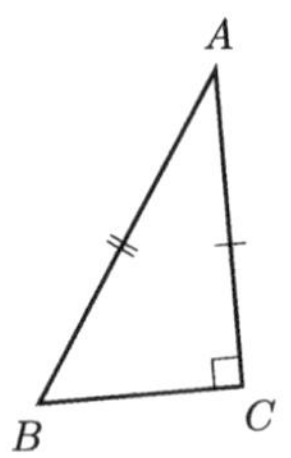

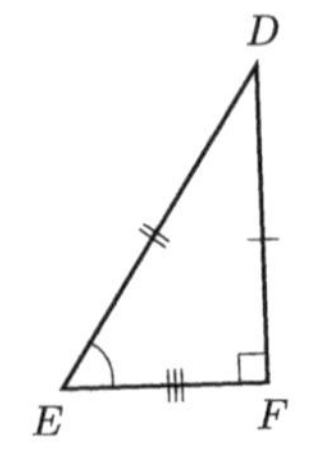

$$AC = DF$$

那么

$$\triangle ABC \equiv \triangle DEF$$

证明 已知 $\angle B = \angle E$，根据两角一对边定理(第 44 页，定理 3.4)得出 $\triangle ABC \equiv \triangle DEF$。

如右图所示，为了证明 $\angle B = \angle E$，定义边 BC 延长线上的点 G 使得

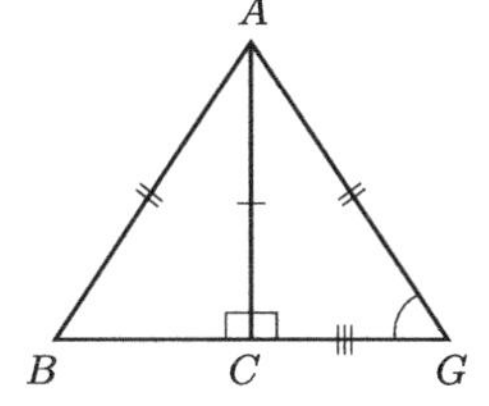

$$CG = FE$$

在 $\triangle CAG$ 和 $\triangle FDE$ 中

$$\angle ACG = \angle R = \angle F$$

$$CA = FD,\ CG = FE$$

所以根据边角边定理(定理 3.1)可知

$$\triangle CAG \equiv \triangle FDE$$

因此

$$AG = DE,$$

$$\angle G = \angle E$$

因为 $AG = DE$，所以 $AB = AG$，即 $\triangle ABG$ 为等腰三角形。故根据定理 2.7 得出 $\angle B = \angle G$，因此 $\angle B = \angle E$(证毕)。

逆定理，逆否命题 到目前为止，本书的定理大致上用“如果

p，那么 q ”的形式来表示。在“如果 p，那么 q ”[1]这种形式的定理中，把“p ”叫作定理的**假设**或者**条件**，把“q ”叫作定理的**终结**或者**结论**[2]。

例如，在与 $\triangle ABC$ 相关的定理 2.8 中，“如果 $AB > AC$，那么 $\angle C > \angle B$ ”中，条件为“$AB > AC$ ”，结论为“$\angle C > \angle B$ ”。又例如，在 $\triangle ABC$ 和 $\triangle DEF$ 的斜边直角边定理中，“如果 $\angle C = \angle F = \angle R$，$AB = DE$，$AC = DF$，那么 $\triangle ABC \equiv \triangle DEF$ ”中，条件为“$\angle C = \angle F = \angle R$，$AB = DE$，$AC = DF$ ”，结论为“$\triangle ABC \equiv \triangle DEF$ ”。

引用上面的定理 2.8“如果 $AB > AC$，那么 $\angle C > \angle B$ ”和定理 2.9“如果 $\angle C > \angle B$，那么 $AB > AC$ ”，试着比较二者，调换定理 2.8 的条件和结论后就变成了定理 2.9。一般来说，调换原定理中的假设和结论之后，被调换而成的新命题叫作原定理的逆命题。定理 2.9 是定理 2.8 的逆命题，定理 2.8 是定理 2.9 的逆命题。另外，很明显，$\triangle ABC$ 和 $\triangle DEF$ 的推论“如果 $\angle A = \angle D$，$\angle B = \angle E$，$AC = DF$，那么 $\triangle ABC \equiv \triangle DEF$ ”的逆命题为：“如果 $\triangle ABC \equiv \triangle DEF$，那么 $\angle A = \angle D$，$\angle B = \angle E$，$AC = DF$。”

但是，并不是说调换“如果 p，那么 q ”形式的定理的条件和

① 原文中作者的表现形式为“如果～～，那么……”，为了避免与中文标点混淆，更加清晰地表达逻辑关系，译文中使用 p、q 代替～～与……来表达。——编者注

② 原文为“を定理の終結または結論といいます”，“終結”和“結論”二词的中文意思都是“结论”。作者在后文中使用的为“終結”一词。——译者注

结论后，被调换而成的新内容“如果 q，那么 p”一定就是定理。例如，引用上面斜边直角边定理“如果 $\angle C=\angle F=\angle R$，$AB=DE$，$AC=DF$，那么 $\triangle ABC\equiv\triangle DEF$”，如果调换这个定理的假设和结论，这句话就变成了“如果 $\triangle ABC\equiv\triangle DEF$，那么 $\angle C=\angle F=\angle R$，$AB=DE$，$AC=DF$”，这句话不是定理。因为一般来说 $\triangle ABC\equiv\triangle DEF$ 成立，$\angle C=\angle F$ 不一定等于 $\angle R$。

“如果 $\triangle ABC\equiv\triangle DEF$，那么 $\angle C=\angle F=\angle R$，$AB=DE$，$AC=DF$”“三角形的一个外角大于任何一个与它不相邻的内角”“通过 $\triangle ABC$ 顶点 A 的直线与 BC 相交”，这些意思明确的表述并不拘泥于其内容的真伪，我们称之为**命题**。命题的真假，即命题是正确还是错误。定理是真命题。但是，当这个命题不成立之时，这个命题就是错误的命题。

命题“如果 p，那么 q”中，“p”叫作条件，“q”叫作结论，调换条件和结论后的命题叫作原命题的逆命题。定理是真命题，但是，正如上述的例子，定理的逆命题不一定为真命题。逆命题不一定为真命题。在旧制中学里，我在平面几何中学到了这种逻辑法则。

与“如果 p，那么 q”命题相对应，我们把“如果非 q，那么非 p”的句子叫作命题的**逆否命题**。例如，与 $\triangle ABC$ 相关的定理

2.9 中，“如果 $\angle C > \angle B$，那么 $AB > AC$”，其逆否命题为“如果 $AB \leqslant AC$，那么 $\angle C \leqslant \angle B$”。使用归谬法可以证明这个逆否命题为真命题。因为如果假定 $\angle C \leqslant \angle B$ 不成立，那么 $\angle C > \angle B$，根据定理 2.9 可知，$AB > AC$，这与 $AB \leqslant AC$ 相矛盾。

若命题“如果 p，那么 q”为真命题，则其逆否命题“如果非 q，那么非 p”也为真命题。因为如果假设逆否命题的结论非 p 为假即 p 的话，根据命题可以得出“如果 p，那么 q”，与逆否假设的条件“非 q”相矛盾，所以逆否命题的结论为真。

反过来，若逆否命题“如果非 q，那么非 p”为真命题，那么原命题“如果 p，那么 q”也为真命题。因为如果假定其结论 q 为假即非 q 的话，根据逆否命题可以得出“如果非 q，那么非 p”，与命题的条件“p”相矛盾。因此，证明定理是否成立，只要证明它的逆否命题是否成立即可。例如，在证明定理 2.9“在 $\triangle ABC$ 中，如果 $\angle C > \angle B$，那么 $AB > AC$”时，我们使用归谬法证明了如果 $AB \leqslant AC$，那么 $\angle C \leqslant \angle B$。也就是说证明了定理 2.9 的逆否命题。

必要条件，充分条件 在 $\triangle ABC$ 中，如果 $\angle C = \angle R$，那么 $AB > AC$（定理 3.5）。为了使 $\angle C$ 是直角成立，$AB > AC$ 是**必要**的。“如果 p，那么 q”成立时，可以得出“为了

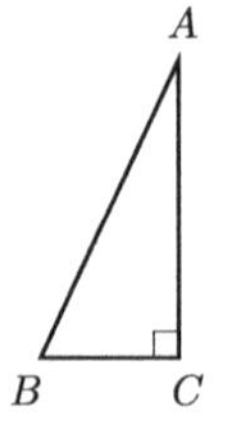

使 p 成立，q 是必要的”或“只有 q，才 p”，q 是 p 的**必要条件**。也就是说，$AB > AC$ 是 $\angle C$ 是直角的必要条件。

接下来，在 $\triangle ABC$ 中，如果 $\angle C = \angle R$，那么 $AB > AC$，即为了使 $AB > AC$ 成立，只要证明 $\angle C$ 是直角即可。这句话可以表述为：为了使 $AB > AC$ 成立，$\angle C$ 是直角是**充分**的。“如果 p，那么 q”成立时，可以得出“为了使 q 成立，p 是充分的”，p 是 q 的**充分条件**。也就是说，$\angle C$ 是直角是 $AB > AC$ 的充分条件。

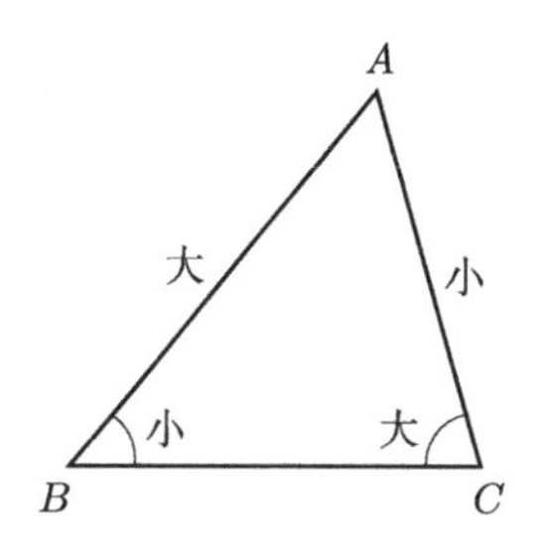

如果 q 是 p 的必要条件，同时 p 也是 q 的充分条件，也就是说，“如果 p，那么 q”成立的同时“如果 q，那么 p”也成立，那么 q 是 p 的**充要条件**。例如在 $\triangle ABC$ 中，如果 $AB > AC$，那么 $\angle C > \angle B$（定理 2.8），又例如在 $\triangle ABC$ 中，如果 $\angle C > \angle B$，那么 $AB > AC$”（定理 2.9），所以 $AB > AC$ 是 $\angle C > \angle B$ 的充要条件。

当然，必要条件不一定是充分条件，还有，充分条件不一定是必要条件。比如说，在 $\triangle ABC$ 中，$AB > AC$ 是 $\angle C$ 是直角的必要条件，但不是充分条件。还有，$\triangle ABC$ 中 $\angle C$ 是直角是 $AB > AC$ 的充分条件，但不是必要条件。

“p 是 q 的充分条件”这种说法的意思是“如果 p，那么 q”这个定理成立，“p 是 q 的必要条件”这种说法的意思是其定理的逆命题

“如果 q，那么 p”成立。我们也知道了充分条件不一定是必要条件，反过来的时候也不一定是真命题。

例如，根据斜边直角边定理可知，在 $\triangle ABC$ 和 $\triangle DEF$ 中，“如果 $\angle C = \angle F = \angle R$，$AB = DE$，$AC = DF$，那么 $\triangle ABC \equiv \triangle DEF$”，所以“$\angle C = \angle F = \angle R$，$AB = DE$，$AC = DF$”是 $\triangle ABC \equiv \triangle DEF$ 的充分条件。但是，即使 $\triangle ABC \equiv \triangle DEF$，$\angle C = \angle F$ 也不一定等于 $\angle R$，所以“$\angle C = \angle F = \angle R$，$AB = DE$，$AC = DF$”不是 $\triangle ABC \equiv \triangle DEF$ 的必要条件，前面也已经讲到，斜边直角边定理的逆命题不成立。

当 p 是 q 的充要条件之时，p 和 q 是等价的。例如，在 $\triangle ABC$ 中，$AB > AC$ 和 $\angle C > \angle B$ 是等价的。还有，又比如说，在 $\triangle ABC$ 和 $\triangle DEF$ 中，“$AB = DE$，$BC = EF$，$CA = FD$”和 $\triangle ABC \equiv \triangle DEF$ 是等价的。

关于两个命题 p 和 q，“如果 p，那么 q”的意思是“如果 p 是真命题，那么 q 也是真命题”。因此，如果“p 和 q 等价”，同样也意味着“p 和 q 的真伪是一致的”。比如说，命题和其逆否命题是等价的。

点到直线的距离　点 A 和点 B 之间的距离是连接 A 和 B 的线段 AB 的长度 AB。

已知点 A 和直线 l，过点 A 作 l 的垂线，垂足为 H。任意取 l 上与 H 不同的点 B，用线段连接 A 和 B，$\triangle ABH$ 为直角三角形，根据定理 3.5 可知

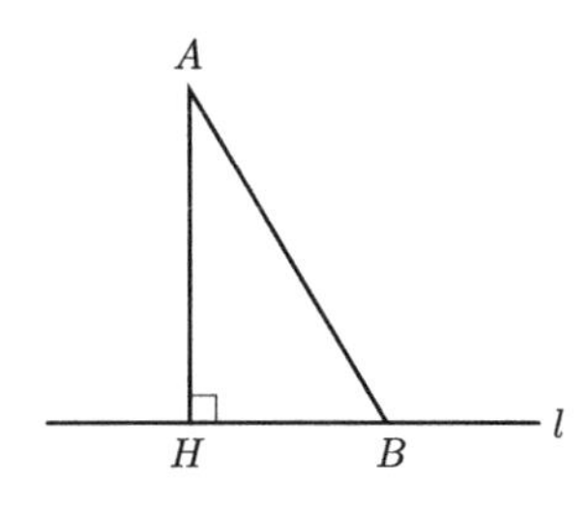

$$AH < AB$$

因此 AH 是 A 点到 l 上的最短距离。我们把这个最短距离定义为点 A 到直线 l 的距离。

垂直平分线 当线段 AB 上的点 M 平分线段 AB 之时，即当

$$MA = MB = \frac{1}{2}AB$$

之时，把 M 叫作线段 AB 的中点，把通过中点 M 且垂直于 AB 的直线叫作线段 AB 的**垂直平分线**。

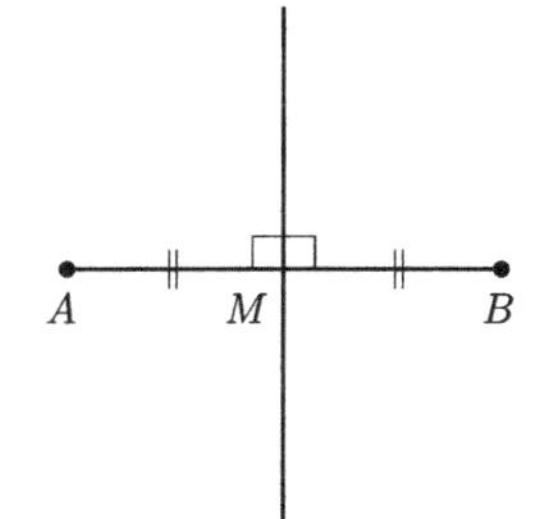

定理 3.7 点 P 到点 A 和点 B 距离相等，其充要条件是 P 在线段 AB 的垂直平分线上。

证明 1°）证明如果点 P 到点 A 和点 B 的距离相等，那么 P 在线段 AB 的垂直平分线上。

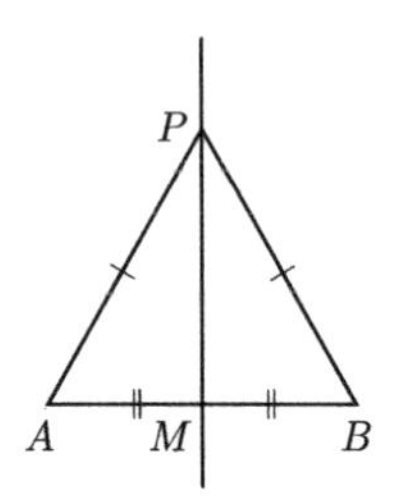

线段 AB 的中点为 M，在右图的 $\triangle PAM$ 和 $\triangle PBM$ 中，$PA = PB$，$AM = BM$，$PM = PM$。根据边边边定理（定理 3.3）可知，$\triangle PAM \equiv \triangle PBM$，因此 $\angle AMP = \angle BMP$。又因为平角 $\angle AMB = 2\angle R$，所以 $2\angle AMP = \angle AMP + \angle BMP = \angle AMB = 2\angle R$，因此根据 $\angle AMP = \angle BMP = \angle R$ 可知，P 在线段 AB 的垂直平分线上。

2°） 证明如果 P 在线段 AB 的垂直平分线上，那么点 P 到点 A 和点 B 的距离相等。

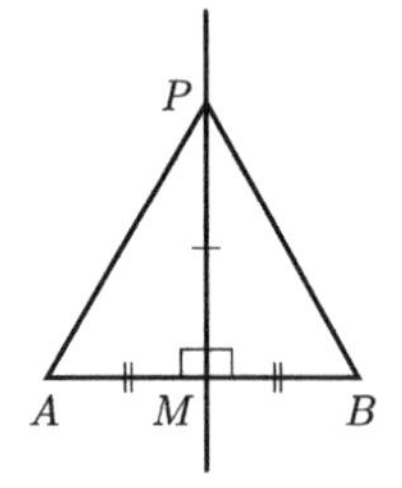

在右图的 $\triangle PAM$ 和 $\triangle PBM$ 中，因为边 MP 是公共边，$MA = MB$，$\angle AMP = \angle BMP$，所以根据边角边定理可知

$$\triangle MPA \equiv \triangle MPB$$

因此

$$PA = PB$$

即点 P 到点 A 和点 B 的距离相等（证毕）。

角的平分线 如下页图所示，当点 C 位于 $\angle AOB$ 的内部，$\angle AOC = \angle BOC$，把射线 OC 叫作 $\angle AOB$ 的角平分线。

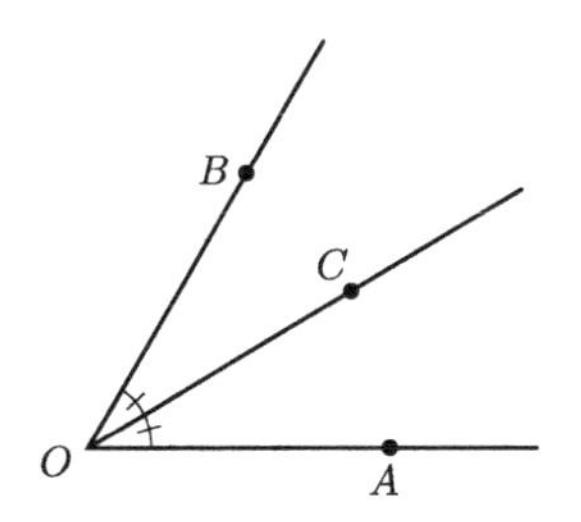

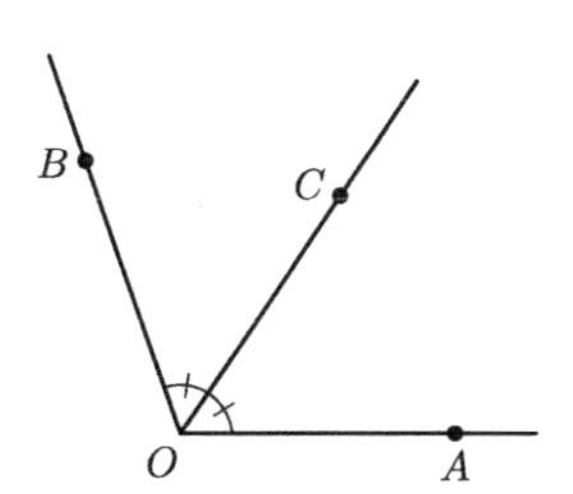

定理 3.8 当$\angle AOB$不为平角时，$\angle AOB$内部的点P到OA、OB距离相等的充要条件是P在$\angle AOB$的角平分线上。

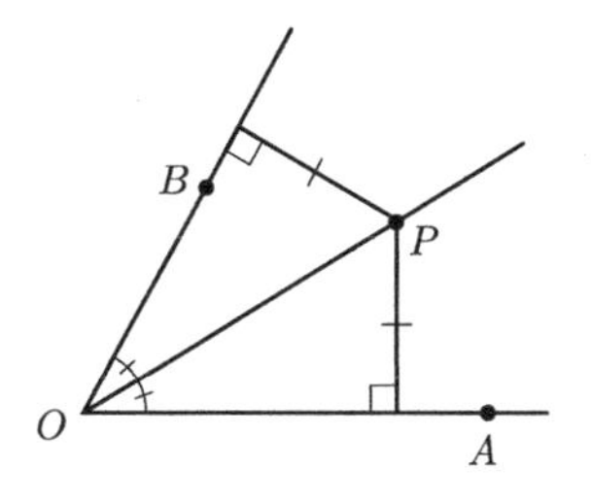

证明 1°) 证明如果点P到OA、OB的距离相等，那么P在$\angle AOB$的角平分线上。

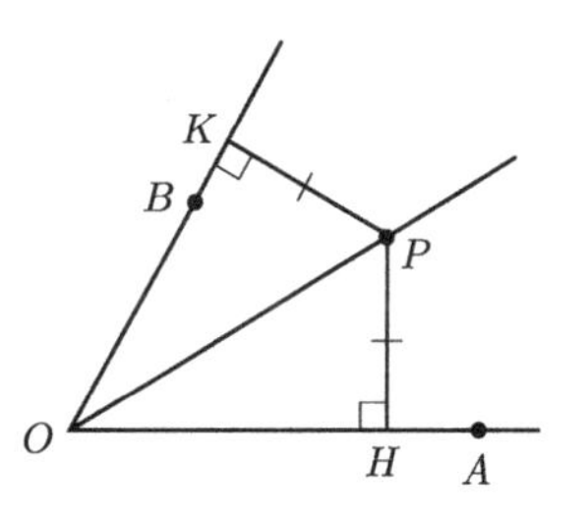

如右图所示，经过点P作到两条边OA、OB的垂线，垂足分别为H和K。在直角三角形$\triangle POH$和$\triangle POK$中，$PH=PK$，且斜边PO为公共边，所以根据斜边直角边定理可知

$$\triangle POH \equiv \triangle POK$$

因此

$$\angle POH = \angle POK$$

也就是说，P在$\angle AOB$的角平分线上。

2°) 证明如果P在$\angle AOB$的平分线上，那么点P到OA、OB的距离相等。

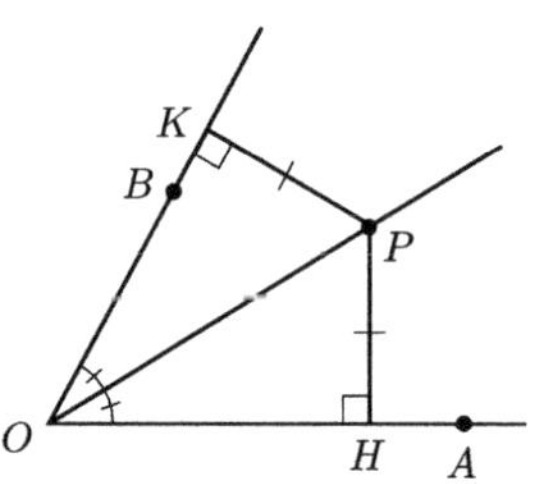

如右图所示，经过P作到两条边OA、OB的垂线，垂足分别为H和K。因为直角三角形$\triangle POH$和$\triangle POK$中的斜边PO为公共边，且

$$\angle POH = \angle POK，\angle PHO = \angle PKO$$

所以根据定理3.4可知

$$\triangle POH \equiv \triangle POK$$

因此

$$PH = PK$$

也就是说，点P到OA、OB的距离相等。

§4 平行线公理

内错角，同旁内角，同位角 如下页图所示，当两条直线l、m和第三条直线相交于不同两点A、B时，把$\angle CAB$和$\angle FBA$（*和

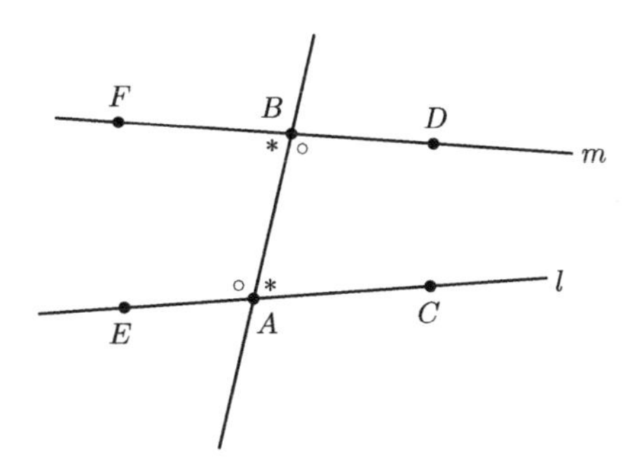

*）以及 $\angle EAB$ 和 $\angle DBA$（○和○）分别叫作一组**内错角**。另外，把 $\angle CAB$ 和 $\angle DBA$ 以及 $\angle EAB$ 和 $\angle FBA$ 分别叫作一组**同旁内角**。因为，

（4.1） $\angle EAB + \angle CAB = 2\angle R$

（4.2） $\angle DBA + \angle FBA = 2\angle R$

所以，如果 $\angle CAB = \angle FBA$，那么 $\angle EAB = \angle DBA$，也就是说，如果一组内错角相等，那么另一组内错角也相等。因此，内错角相等的意思是两组内错角分别都相等。

根据（4.2）得出 $\angle DBA = 2\angle R - \angle FBA$，所以同旁内角 $\angle CAB$ 和 $\angle DBA$ 的和为（4.3）$\angle CAB + \angle DBA = 2\angle R + \angle CAB - \angle FBA$。同样，$\angle EAB + \angle FBA = 2\angle R + \angle FBA - \angle CAB$。因此，如果内错角 $\angle CAB$ 和 $\angle FBA$ 相等，那么同旁内角的和等于 $2\angle R$；相反，如果同旁内角的和等于 $2\angle R$，那么内错角 $\angle CAB$ 和 $\angle FBA$ 相等。也就是说，内错角相等等价于同旁内角互补。

当直线l、m和直线AB相交形成8个角之时，右图中用相同号码标记的两个角叫作一组**同位角**。同位角的意思是位于相同位置的角。例如，$\angle CAB$和$\angle DBG$是同位角。在右图中，A为顶点的四个角中，3是1的对顶角，4和2是1的补角。B为顶点的四个角也是一样的。因为对顶角相等（定理1.3），相等的两个角的补角相等，所以一组同位角相等，例如如果$\angle CAB$和$\angle DBG$相等，其他三组同位角彼此都相等。同位角相等的意思是四组同位角分别都相等。

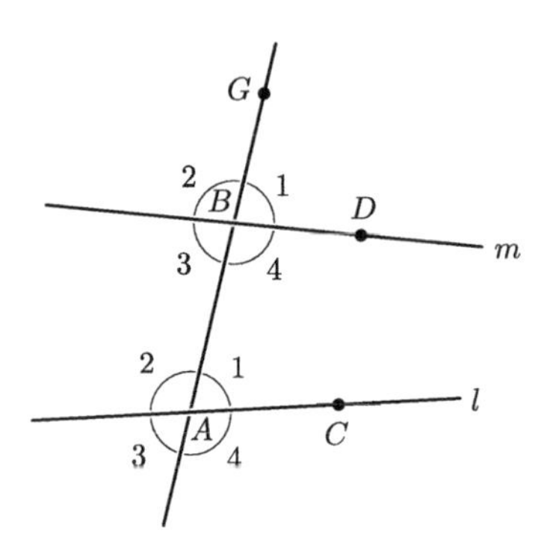

在下图中，因为对顶角$\angle DBG$和$\angle FBA$相等，所以如果内错角$\angle CAB$和$\angle FBA$相等，那么同位角$\angle CAB$和$\angle DBG$相等；如果同位角$\angle CAB$和$\angle DBG$相等，那么内错角$\angle CAB$和$\angle FBA$相等。也就是说，内错角相等等价于同位角相等。

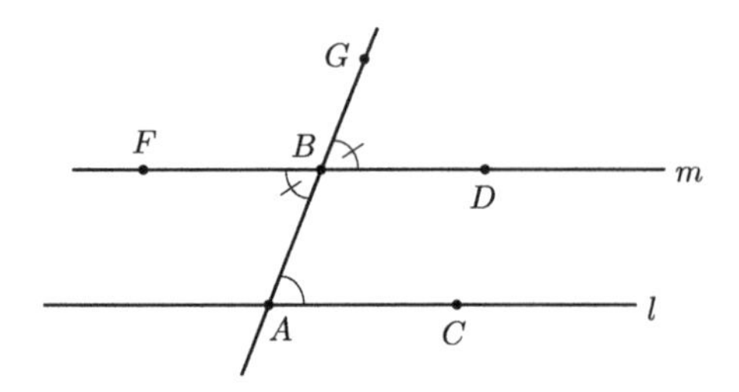

平行线

定义　当两条直线 l 和 m 永不相交时，l 和 m 平行。

平行线的意思是平行的两条直线。

定理 4.1　两条直线 l、m 被第三条直线所截，如果内错角相等，那么 l 和 m 平行。

证明　如下图所示，两条直线 l、m 被第三条直线所截的交点为 A、B，内错角 $\angle CAB$ 和 $\angle FBA$ 相等。

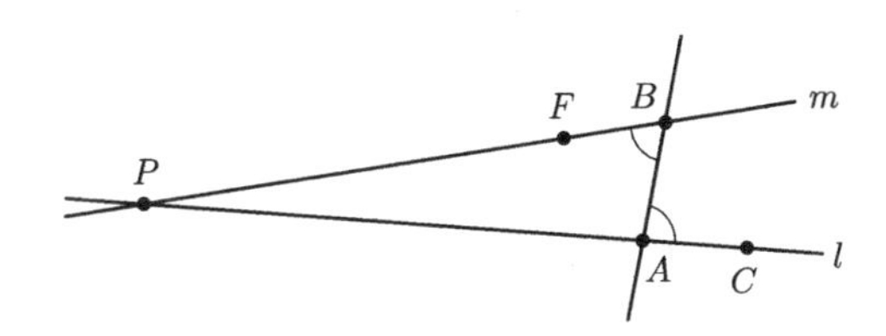

这时，使用归谬法（反证法）证明 l 和 m 平行。如上图所示，假定 l 和 m 在点 P 处相交，根据定理 2.6 可知，$\triangle APB$ 的外角 $\angle CAB$ 大于与它不相邻的内角 $\angle PBA = \angle FBA$，这与 $\angle CAB$ 和 $\angle FBA$ 相等相矛盾（证毕）。

推论 1　两条直线 l、m 被第三条直线所截，如果同位角相等，那么 l 和 m 平行。另外，如果同旁内角互补，那么 l 和 m 平行。

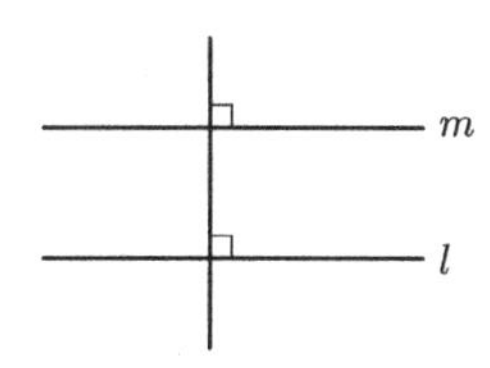

推论 2 垂直于同一条直线的两条直线 l 和 m 平行。

证明定理 4.1 的逆命题是否成立，即证明平行的两条直线 l 和 m 被第三条直线所截则内错角相等是否成立，需要使用一个新的公理，即平行线公理。

公理Ⅳ（平行线公理） 已知直线 l 和 l 外一点 B，经过点 B 有且只有一条直线与 l 平行。

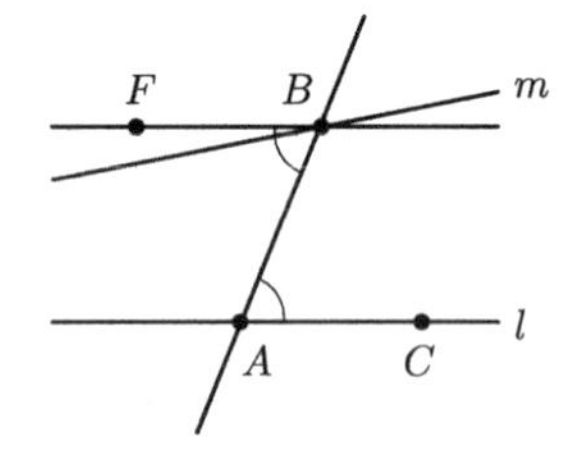

如右图所示，两条直线 l、m 被第三条直线所截相交于两点 A、B，定义点 F 使

$$\angle FBA = \angle CAB$$

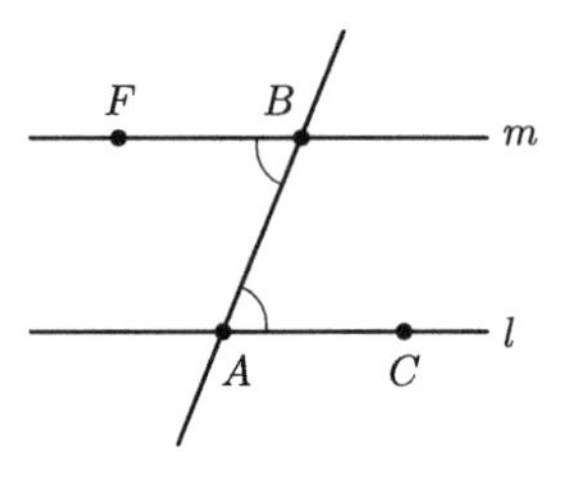

根据定理 4.1，直线 BF 平行于 l。根据平行线公理，经过点 B 有且只有一条直线与 l 平行。故而，如果 m 与 l 平行，那么 m 即为直线 BF。因此，l、m 和直线 AB 相交，其内错角 $\angle FBA$ 和 $\angle CAB$ 相等。也就是说，

定理 4.2 两条直线 l、m 被第三条直线所截相交于两点之时，如果 l 和 m 平行，那么内错角相等。

推论 1 平行的两条直线被第三条直线所截，同位角相等，同

旁内角互补。

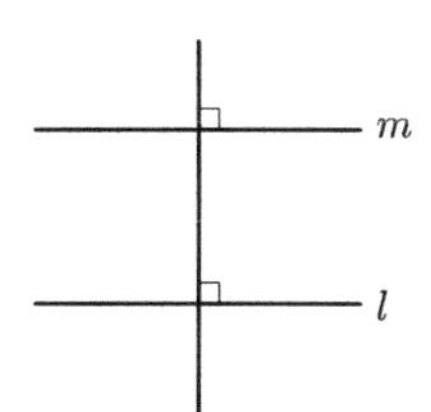

推论 2　两条直线 l 和 m 平行，垂直于 l 的直线同时也垂直于 m。

定理 4.3　三角形的一个外角等于与它不相邻的两个内角之和。

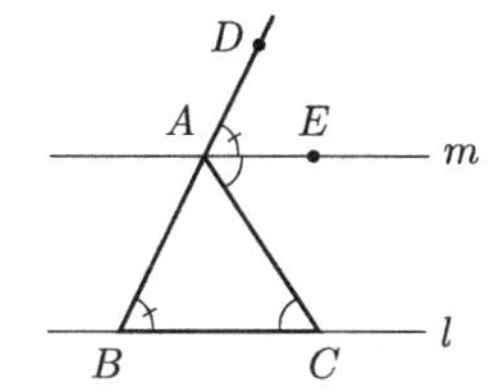

证明　在右图的 $\triangle ABC$ 中，求证外角 $\angle CAD$ 等于与它不相邻的两个内角 $\angle B$ 和 $\angle C$ 之和。

定义点 E 使得

$$\angle EAC = \angle C$$

直线 AE 为 m，直线 BC 为 l。$\angle C$ 和 $\angle CAE$ 是两条直线 l、m 分别和直线 AC 相交形成的内错角，所以，根据定理 4.1 得出 l 和 m 平行。因此，根据定理 4.2 的推论 1 可知，l 和 m 与直线 AB 相交，同位角 $\angle B$ 与 $\angle EAD$ 相等。故而，$\angle CAD = \angle CAE + \angle EAD = \angle C + \angle B$（证毕）。

定理 4.4　三角形的内角之和等于 $2\angle R$。

证明　在右图的 $\triangle ABC$ 中，根据定理 4.3 得出

$$\angle CAD = \angle B + \angle C$$

因此，$\triangle ABC$ 的内角之和为

$$\angle A + \angle B + \angle C = \angle BAC + \angle B + \angle C$$

$$= \angle BAC + \angle CAD = \angle BAD = 2\angle R$$

（证毕）

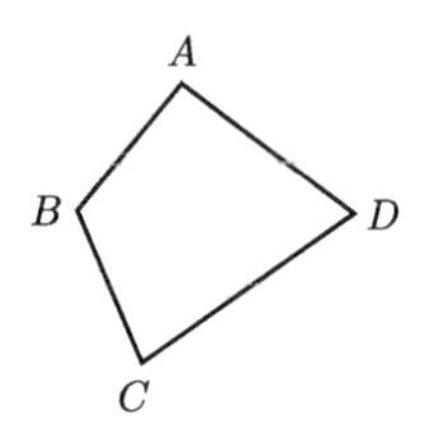

四边形 如右图所示，四边形是由 A、B、C、D 四点依次连接而成的线段 AB、BC、CD、DA 所组成的图形，这个图形就叫作**四边形** $ABCD$。这时，四个点 A、B、C、D 中的任何三个点都不在同一条直线上，线段 AB 和线段 CD 不相交，线段 BC 和线段 DA 也不相交。像下图中的图形就不叫

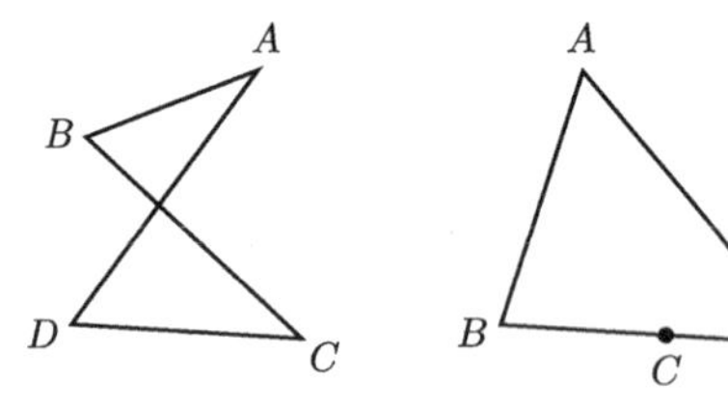

四边形。四个点 A、B、C、D 叫作四边形 $ABCD$ 的**顶点**，四条线段 AB、BC、CD、DA 叫作**边**，线段 AC 和线段 BD 叫作四边形 $ABCD$ 的**对角线**。

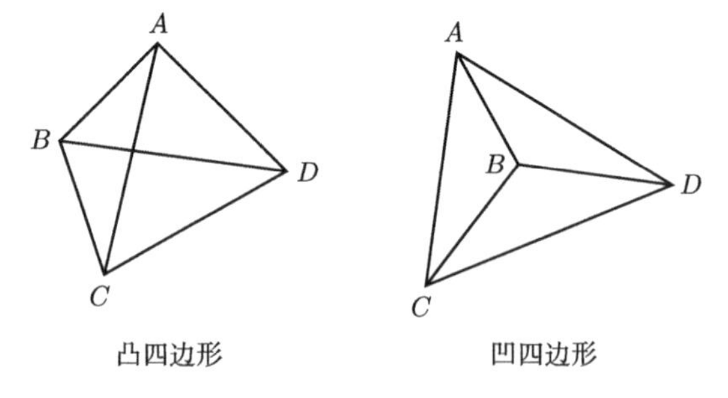

凸四边形　　凹四边形

如上页图所示，四边形中有**凸四边形**和**凹四边形**。对角线 AC 和 BD 相交的是凸四边形，不相交的是凹四边形。在本书中涉及的四边形都是凸四边形，所以从最初就把与凹四边形相关的内容除外，在本书中提到的四边形指的是凸四边形。因此，四边形的对角线一定相交。

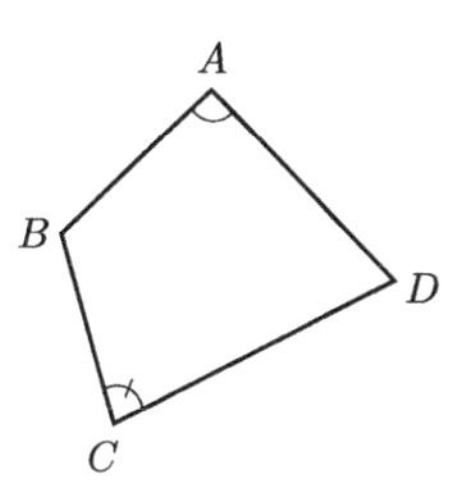

把四个角 $\angle DAB$、$\angle ABC$、$\angle BCD$、$\angle CDA$ 叫作四边形 $ABCD$ 的**角**或者**内角**，简称为 $\angle A$、$\angle B$、$\angle C$、$\angle D$。四边形 $ABCD$ 的边 AB 和边 CD 叫作一组**对边**，边 CD 叫作边 AB 的对边，边 AB 叫作边 CD 的对边。边 BC 和边 DA 也是一组对边。还有，$\angle A$ 和 $\angle C$ 叫作一组**对角**或者**内对角**。内对角的意思是相对的内角。$\angle B$ 和 $\angle D$ 也是一组对角。

定理 4.5 四边形的内角之和等于 $4\angle R$。

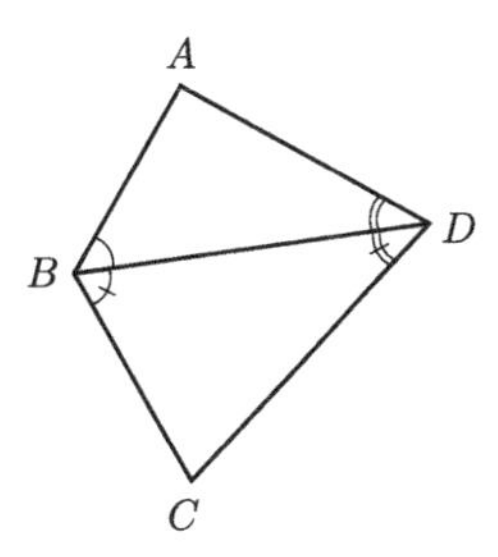

证明 在四边形 $ABCD$ 中，求证内角 $\angle A$、$\angle B$、$\angle C$、$\angle D$ 的和等于 $4\angle R$。如右图所示，

$$\angle B = \angle ABD + \angle CBD$$

$$\angle D = \angle ADB + \angle CDB$$

所以，四边形 $ABCD$ 的内角之和为

$$\angle A + \angle B + \angle C + \angle D$$
$$= \angle A + \angle ABD + \angle ADB + \angle C + \angle CBD + \angle CDB$$

根据定理 4.4 可知，三角形的内角之和等于 $2\angle R$，所以

$$\angle A + \angle ABD + \angle ADB = \angle C + \angle CBD + \angle CDB = 2\angle R$$

因此，$\angle A + \angle B + \angle C + \angle D = 4\angle R$（证毕）。

平行四边形 用符号 $\parallel$ 表示两条直线 l 和 m 平行，记作 $l \parallel m$。因此，$AB \parallel CD$ 的意思为线段 AB 和线段 CD 平行。

在四边形 $ABCD$ 中，当 $AB \parallel CD$ 时，边 AB 和边 CD 平行。边 AB 和边 CD 是四边形 $ABCD$ 的一组对边。

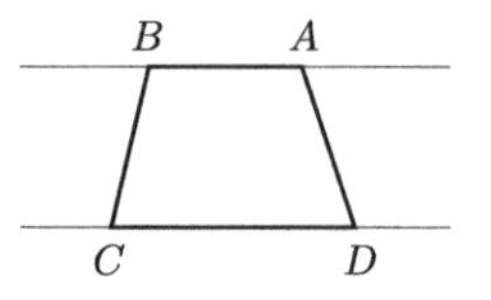

把两组对边分别平行的四边形叫作**平行四边形**。即当 $AB \parallel DC$、$AD \parallel BC$ 之时，四边形 $ABCD$ 为平行四边形。

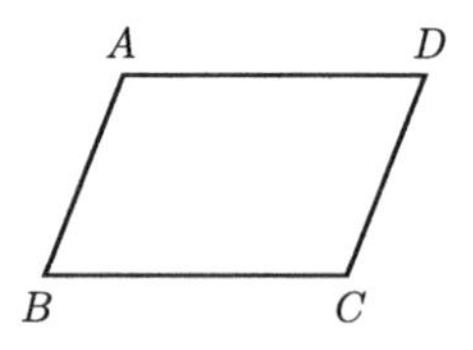

定理 4.6 1°) 平行四边形的对边相等。

2°) 平行四边形的对角相等。

证明 在右图中，$AB \parallel CD$、$AD \parallel BC$。因为平行的两条直线被第三条直线所截形成的内错角相等（定理 4.2），所以

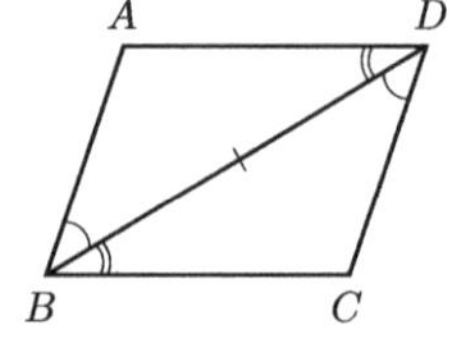

$$\angle ABD = \angle CDB，\angle ADB = \angle CBD$$

因此，根据角边角定理（定理 3.2）得出

$$\triangle ABD \equiv \triangle CDB$$

故而

$$AB = CD，AD = CB，\angle A = \angle C \qquad （证毕）$$

定理 4.7 平行四边形的对角线互相平分。

证明 在右图的平行四边形 $ABCD$ 中，平行的两条直线 AD、BC 和直线 AC 相交形成的内错角相等，和直线 BD 相交而成的内错角相等，所以

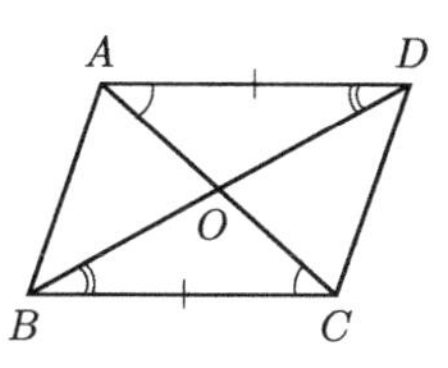

$$\angle OAD = \angle OCB，\angle ODA = \angle OBC$$

另外，根据前面的定理可知

$$AD = BC$$

因此，根据角边角定理得出

$$\triangle OAD \equiv \triangle OCB$$

所以

$$OA = OC，OD = OB$$

即对角线 BD 平分对角线 AC，对角线 AC 平分对角线 BD（证毕）。

下面的定理是定理 4.6　1°) 的逆定理。

定理 4.8 两组对边相等的四边形是平行四边形。

证明　在右图中，求证如果 $AB = CD$、$AD = CB$，那么四边形 $ABCD$ 是平行四边形。

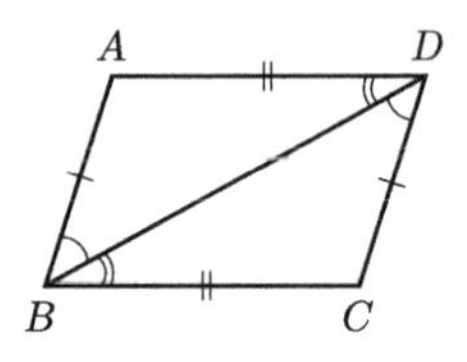

在 $\triangle ABD$ 和 $\triangle CDB$ 中，$AB = CD$，$AD = CB$，$BD = DB$，所以根据边边边定理（定理 3.3）得出

$$\triangle ABD \equiv \triangle CDB$$

因此

$$\angle ABD = \angle CDB，\angle ADB = \angle CBD$$

$\angle ABD$ 和 $\angle CDB$ 是两条直线 AB、CD 被直线 BD 所截形成的内错角。因为它们相等，所以，根据定理 4.1 得出 $AB \parallel CD$。同样，$AD \parallel BC$（证毕）。

定理 4.9　一组对边平行且相等的四边形是平行四边形。

证明　在右图的四边形 $ABCD$ 中

$$AD \parallel BC，AD = BC$$

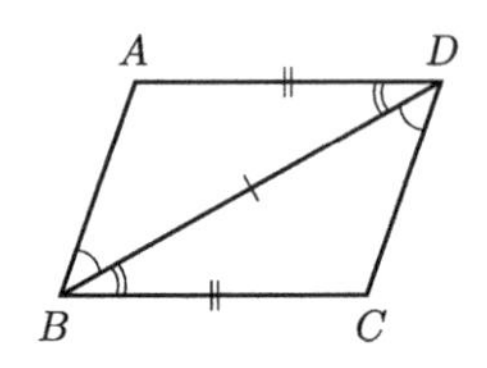

平行的两条直线 AD、BC 被直线 BD 所截形成的内错角相等，所以

$$\angle ADB = \angle CBD$$

因此，根据边角边定理（定理 3.1）得出

$$\triangle ADB \equiv \triangle CBD$$

故而可知，$AB \parallel CD$。因为 $AD \parallel BC$，所以四边形 $ABCD$ 是平行

四边形（证毕）。

定理 4.10 对角线互相平分的四边形是平行四边形。

证明 在右图的四边形 $ABCD$ 中，对角线 AC 和 BD 互相平分。即

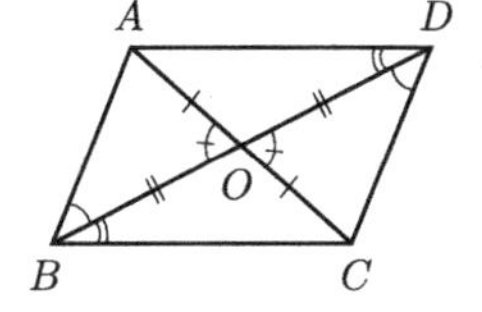

$$AO = CO, \ BO = DO$$

因为对顶角相等，所以

$$\angle AOB = \angle COD$$

因此，根据边角边定理（定理 3.1）得出

$$\triangle AOB \equiv \triangle COD$$

故而，$\angle ABO$ 和 $\angle CDO$ 相等，即

$$\angle ABD = \angle CDB$$

因此 $AB \parallel CD$。同样 $AD \parallel BC$（证毕）。

下面是平行四边形对三角形的应用。

定理 4.11 通过 $\triangle ABC$ 的边 AB 的中点 D，且平行于边 BC 的直线平分边 AC。这个二等分点为 E，那么，

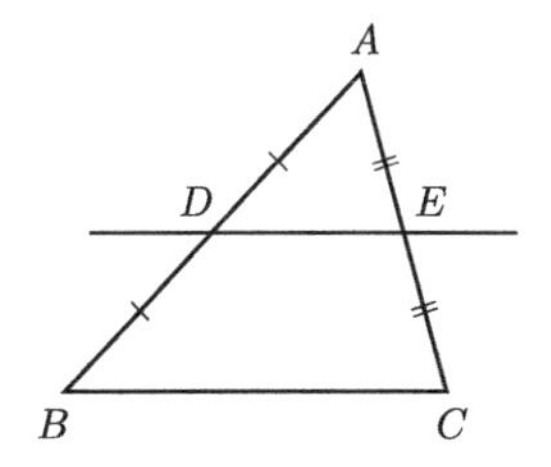

$$DE = \frac{1}{2}BC$$

证明 如右图所示，经过点 C 作平行于边 AB 的直线与直线 DE 相交于点 F。因为平行四边形 $DBCF$ 的对边相等（定理 4.6），所以

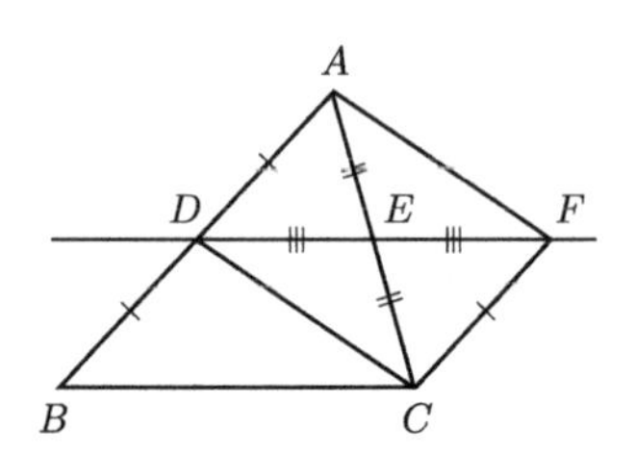

$$DB = FC$$

但是 D 是边 AB 的中点，即 $AD = DB$。因此

$$AD \parallel FC，AD = FC$$

故而，根据定理 4.9 可知，四边形 $ADCF$ 是平行四边形，其对角线互相平分（定理 4.7）。因此，E 是边 AC 的中点。

另外，E 是边 DF 的中点。平行四边形 $DBCF$ 的对边 DF 和 BC 相等，所以

$$DE = \frac{1}{2}DF = \frac{1}{2}BC \qquad \text{（证毕）}$$

推论 如果 $\triangle ABC$ 中边 AB 的中点为 D，边 AC 的中点为 E，那么

$$DE \parallel BC，DE = \frac{1}{2}BC$$

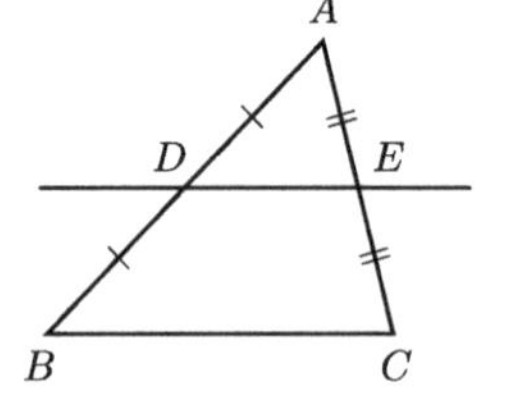

为了加深对定理的理解，我们可以尝试用不同的方法来证明，如前文中定理 4.11 那种简单的定理，也存在不同的证明方法。

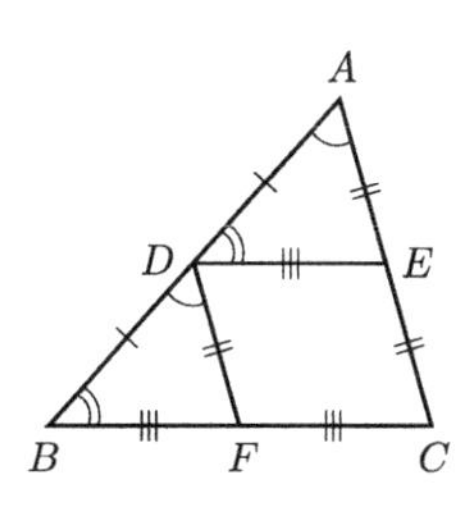

其他证法 如右图所示，作一条经过 D 且平行于边 AC 的直线，与边 BC 交于点 F。因为平行的两条直线 DF、AC 被直线 AB 所截形成的同位角相等（定理 4.2 推论 1），所以

$$\angle EAD = \angle FDB$$

因为直线 DE 与直线 BC 平行，同理

$$\angle EDA = \angle FBD$$

另一方面

$$AD = DB$$

因此，根据角边角定理（定理 3.2）可知

$$\triangle EAD \equiv \triangle FDB$$

所以

$$AE = DF,\ DE = BF$$

另，平行四边形 $DECF$ 的对边相等，所以

$$DF = EC,\ DE = FC$$

因此

$$AE = EC,\ DE = BF = FC$$

故而，E 是边 AC 的中点，$DE = \dfrac{1}{2}BC$（证毕）。

§5　圆

正如本书开篇所讲，《理解几何学》的开篇是从这句话开始的："用尺子画出的线是笔直的线，我们称之为直线……另外，用圆规画出的曲线，如果是一部分的话，我们称之为圆弧或者只称作弧；如果画一圈的话，我们称之为圆周或者简称为圆。"但是，《理解几何学》一书在第 7 章的开头重新定义了圆[①]。

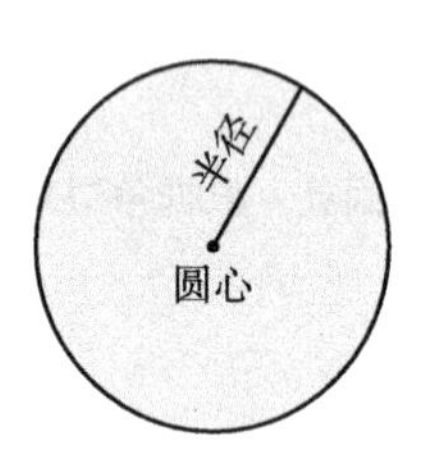

定义　圆是被称作圆周的曲线所截取的部分平面，圆周是指连接被称作**圆心**的圆内一点和曲线上任意一点的线段都相等的曲线。另外，这个线段叫作**半径**。

实际上，这个定义和最初引述挂谷老师著作中的圆的［定义］相同。

根据这个定义可知，圆是由圆周及其内部（上图中阴影部分）组成的圆盘，圆周是其边界（边缘），但是在本书中圆的意思等同于圆周。

---

①《理解几何学》，第 53 页。

圆的半径长度也叫作圆的半径。在本书中，常用希腊字母γ（读作“伽马”）表示圆。在右图中，圆γ的圆心为O、半径为r，如果点P在圆γ上，那么$OP=r$，反过来，$OP=r$时点P也在圆γ上。总之，P在圆γ上的充要条件是$OP=r$。P在圆γ内部的充要条件是$OP<r$，P在圆γ外部的充要条件是$OP>r$。

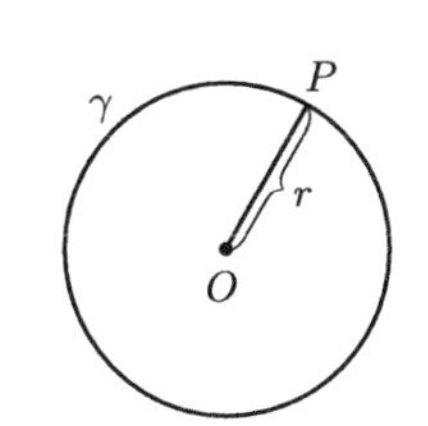

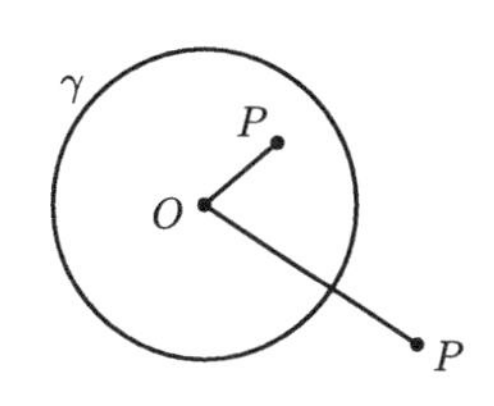

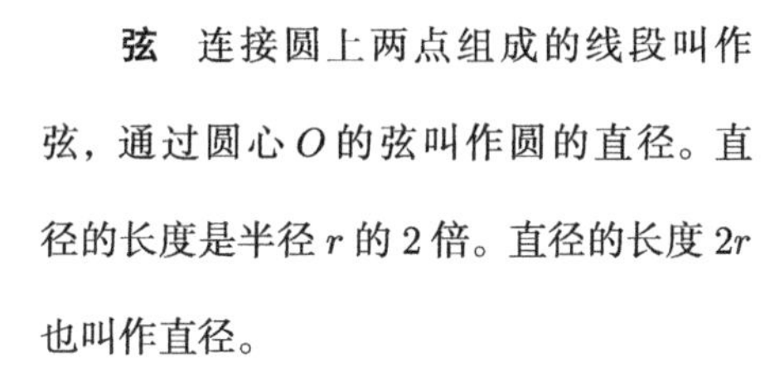

弦　连接圆上两点组成的线段叫作弦，通过圆心O的弦叫作圆的直径。直径的长度是半径r的2倍。直径的长度$2r$也叫作直径。

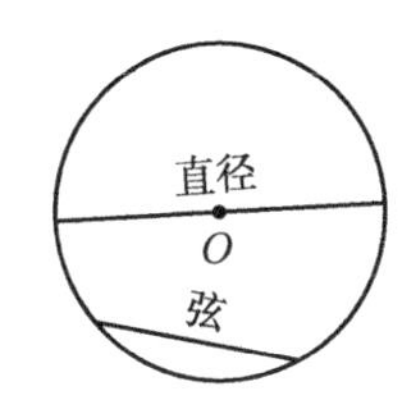

圆周上两点B、C到圆心O的距离分别相等。因此根据定理3.7，圆心O在弦BC的垂直平分线上。因此，取圆周上三点A、B、C，弦AB的垂直平分线和弦BC的垂直平分线在圆心O处相交。换言之，通过三点A、B、C的圆的圆心O，是弦AB垂直平分线和弦BC垂直平分线的交点。

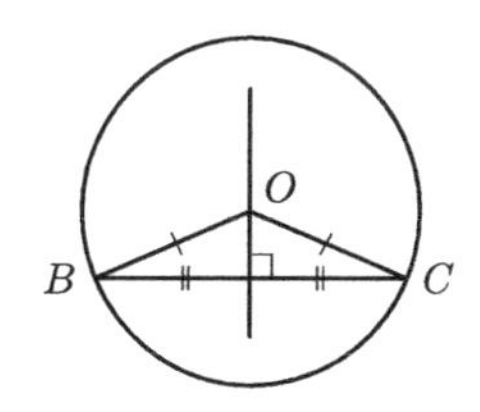

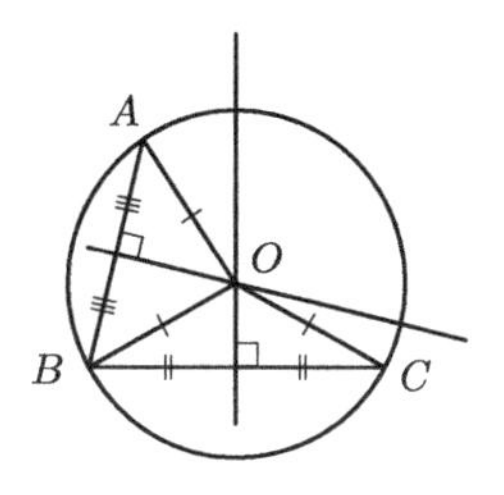

定理 5.1 过不在同一条直线上的三点 A、B、C 有且只有一个圆。

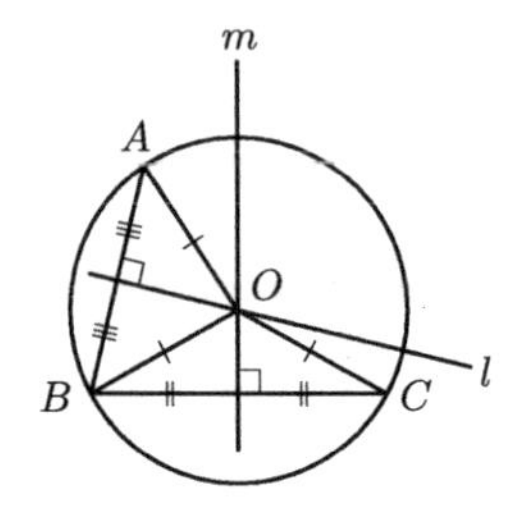

证明 如右图所示，线段 AB 的垂直平分线为 l，线段 BC 的垂直平分线为 m，l 和 m 的交点为 O。根据定理 3.7 得出

$$OA = OB = OC$$

因此，画出以 O 为圆心、线段 OB 为半径的圆通过三点 A、B、C。

很明显，通过三点 A、B、C 的圆有且只有一个，就是说这个圆的圆心是 l 和 m 的交点 O。

这样看来，似乎证明已经结束了。但是，证明始于 l 和 m 的交点为 O，所以如果不明示 l 和 m 一定相交的话，那么证明就无法进行下去。下面使用归谬法证明 l 和 m 相交。

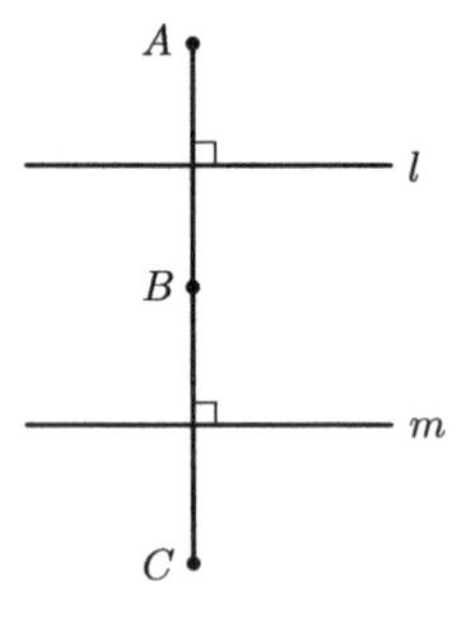

假定 l 和 m 不相交，即 $l \parallel m$。所以垂直于 l 的直线 AB 也垂直于 m（定理 4.2 的推论 2）。直线 BC 也垂直于 m，但是通过点 B 垂直于 m 的直线有且只有一条。因此，直线 AB 和直线 BC 是同一条直线，三点 A、B、C 在同一条直线上，这与条件相矛盾（证毕）。

圆和直线 首先使用归谬法证明圆和直线不相交于两个以上的点。

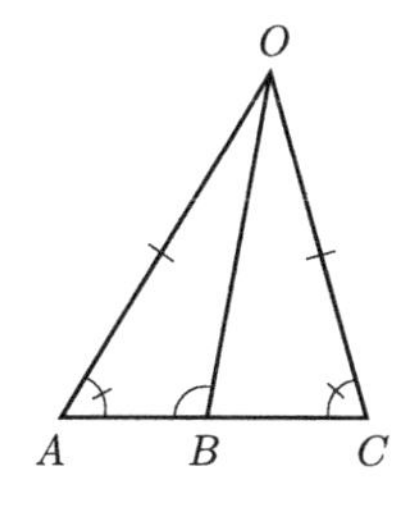

以点 O 为圆心、半径为 r 的圆与直线 l 相交于右图中的三点 A、B、C，则

$$OA = OC = r$$

所以 $\triangle OAC$ 是等腰三角形。因为三角形的外角大于与它不相邻的内角（定理 2.6），等腰三角形的两个底角相等（定理 2.7），所以

$$\angle ABO > \angle C = \angle A$$

因此，在 $\triangle OAB$ 中 $\angle B > \angle A$。所以，根据定理 2.9 得出

$$r = OA > OB$$

这与 B 在以 O 为圆心、半径为 r 的圆周上相矛盾（证毕）。

圆和直线有三种位置关系：相交于两点；相交于一点，完全不相交。圆和直线相交于一点的意思是说二者仅有一个公共点。

圆的圆心为 O，半径为 r，从 O 作直线的垂线垂足为 H。线段 OH 的长度是圆心 O 到直线 l 的距离。

当 $OH < r$ 时，如右图所示，H 在圆的内部，圆和直线 l 相交于两点。

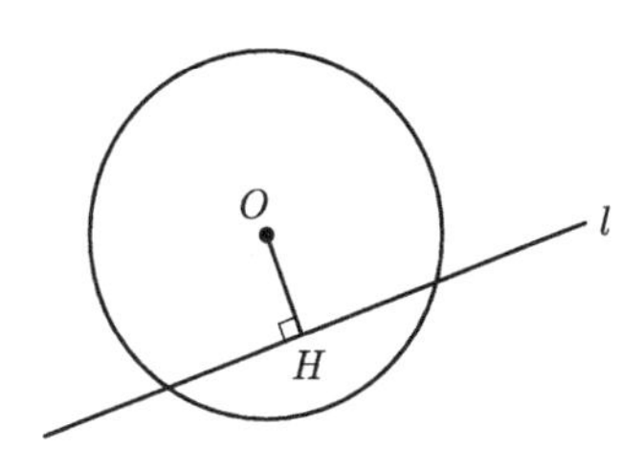

当 $OH = r$ 时，H 在圆上，和 H 不同的 l 上的点 P 都位于圆外。

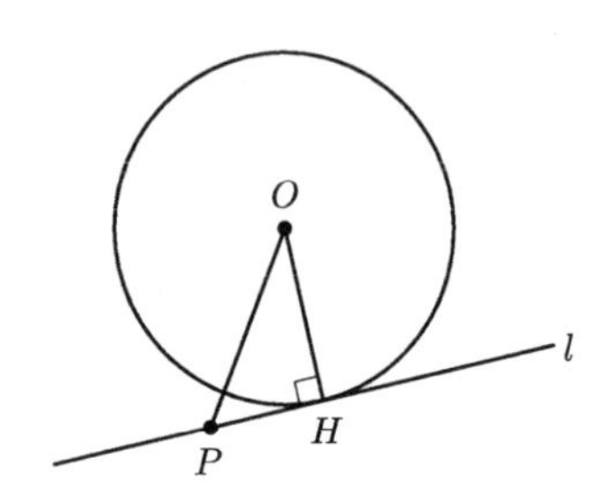

因为在右图中

$$OP > OH = r$$

因此圆和直线 l 仅有一个公共点 H。这时，直线 l 在点 H 处与圆相切，l 是圆的切线，H 是圆的切点。另外，也可以说圆相切于直线 l。

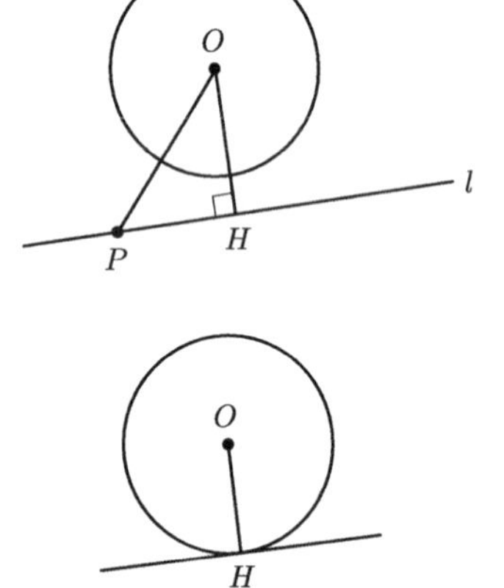

当 $OH > r$ 时，如右图所示，$OP > OH > r$，所以 l 上的所有点都在圆外，圆和直线 l 不相交。

总结一下，圆和直线有三种位置关系：相交于两点；相交于一点；完全不相交。相交于一点时，其切点为 H，圆的半径 OH 垂直于切线。

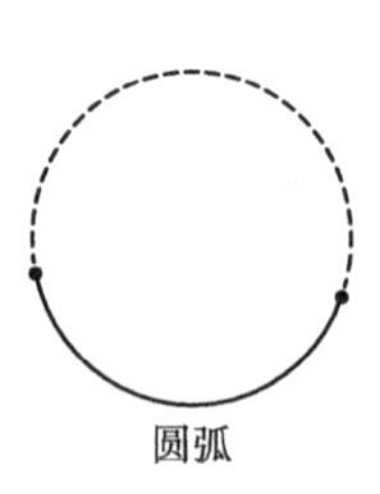
圆弧

弧，圆心角，圆周角　正如本节开篇所述，《理解几何学》中介绍到“用圆规画的曲线，如果是一部分的话，我们称之为圆弧或者只称作弧；如果画一圈的话，我们称之为圆周或者简称为圆”，所以弧是圆周的一部分。《理解几何学》中讲述了弧的定义："把圆周的一部分叫作圆弧或者弧。"①但是，仅用"一部分"这个词，此说法并不明确，所以在本书中弧的定义如下：

定义 圆周上的两点 B 和 C 把圆周分为两部分。我们把其中一部分叫作**圆弧**或者**弧**，用符号 $\overset{\frown}{BC}$ 表示。

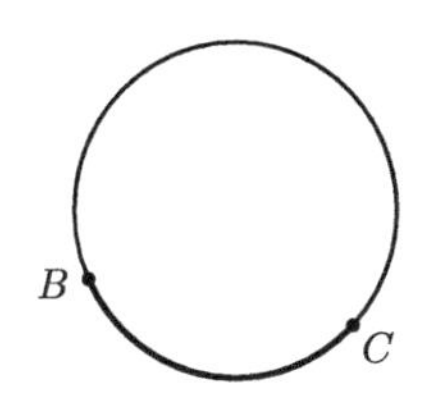

圆周的一部分叫作弧，这里"一部分"指的是被圆周上的两点分为两部分的圆周中的其中一部分。当然，另外一部分也是圆弧，圆周上的两点把圆周分成了两个圆弧。这种情况下，我们称这两个圆弧**共轭**，把一方叫作另一方的**共轭弧**。

如下图所示，圆周上的两点 B 和 C 把圆周分为两个圆弧，一个叫作弧 $\overset{\frown}{BC}$，另一个叫作弧 $\overset{\frown}{BC}$ 的共轭弧。B 和 C 叫作弧 $\overset{\frown}{BC}$ 的**端点**或者**边界**。弧 $\overset{\frown}{BC}$ 及其共轭弧共有端点。

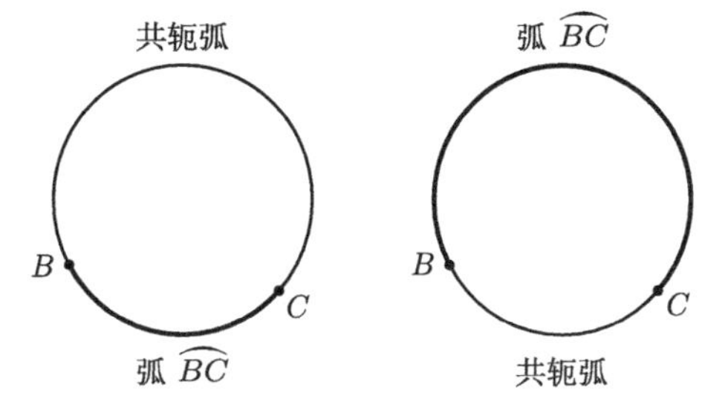

①《理解几何学》第 53 页。

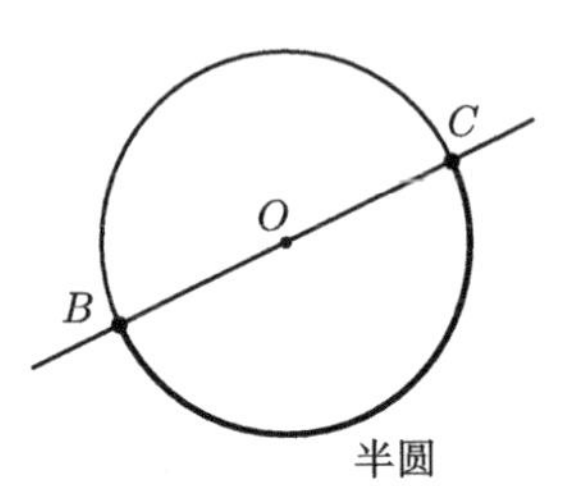

如右图所示，连接点 B 和圆心 O 的直线 BO 通过点 C 时，弧 $\widehat{BC}$ 是**半圆**。

除了这种情况，取直线 BO 和圆周的交点为 B'，弧 $\widehat{BC}$ 和半圆 $\widehat{BB'}$ 有两种关系：弧 $\widehat{BC}$ 是半圆 $\widehat{BB'}$ 的一部分，或者半圆 $\widehat{BB'}$ 是弧 $\widehat{BC}$ 的一部分。当弧 $\widehat{BC}$ 是半圆 $\widehat{BB'}$ 的一部分时，弧 $\widehat{BC}$ 叫作劣弧；当半圆 $\widehat{BB'}$ 是弧 $\widehat{BC}$ 的一部分时，弧 $\widehat{BC}$ 叫作优弧。总之，比半圆小的弧叫作劣弧，比半圆大的弧叫作优弧。

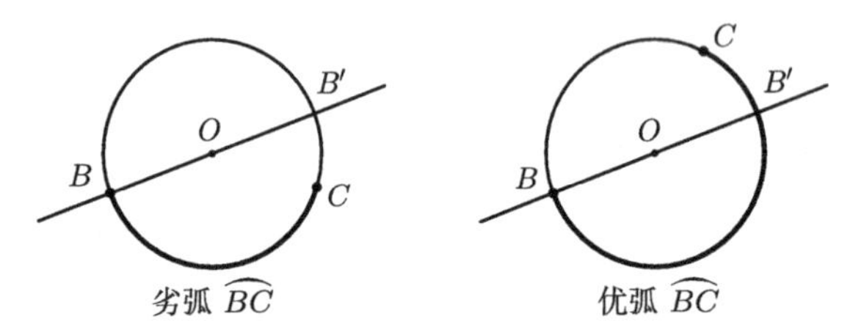

当点 A 位于弧 $\widehat{BC}$ 的共轭弧之上，下图中的 $\angle BAC$ 叫作弧 $\widehat{BC}$ 所对的圆周角，弧 $\widehat{BC}$ 叫作圆周角 $\angle BAC$ 所对的弧。

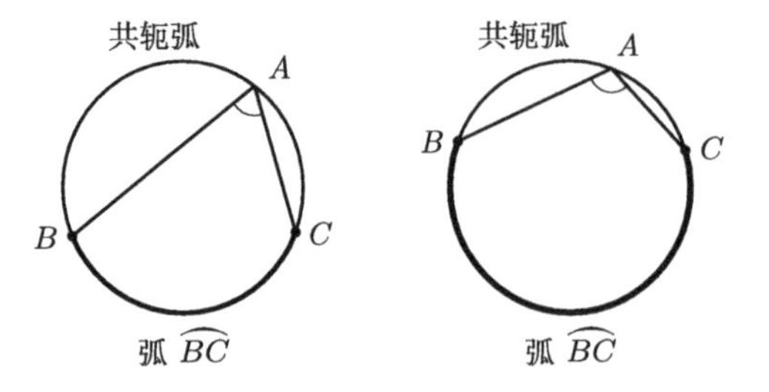

接下来是圆心角的内容。下图中的 $\angle BOC$ 叫作弧 $\overset{\frown}{BC}$ 的**圆心角**。当弧 $\overset{\frown}{BC}$ 为劣弧或者半圆，根据角的大小的定义可知，当点 X 在弧 $\overset{\frown}{BC}$ 上从 B 移动到 C 处，射线 OX 围绕圆心 O 旋转之时，其旋转量的大小为 $\angle BOC$ 的大小。当弧 $\overset{\frown}{BC}$ 为优弧，上面圆心角 $\angle BOC$ 的大小的定义同样也适用于此。这样一来，优弧 $\overset{\frown}{BC}$ 的圆心角 $\angle BOC$ 的大小大于平角 $\angle BOB' = 2\angle R$。比 $2\angle R$ 大的角叫作**优角**，与此相对应，比 $2\angle R$ 小的角叫作**劣角**。劣弧 $\overset{\frown}{BC}$ 的圆心角 $\angle BOC$ 是劣角，优弧 $\overset{\frown}{BC}$ 圆心角 $\angle BOC$ 是优角。

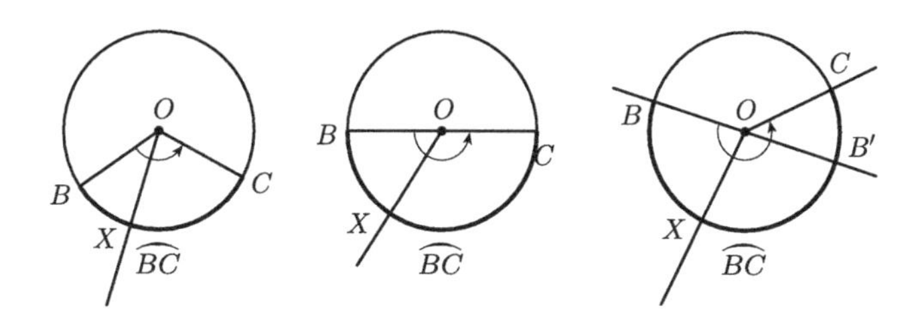

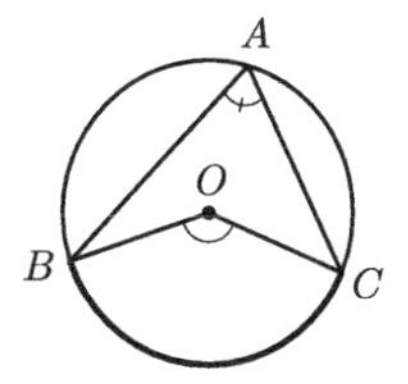

圆周角 $\angle BAC$ 可以理解为是同时通过 $\angle BAC$ 和圆上三点 A、B、C 的角。

定理 5.2 弧 $\overset{\frown}{BC}$ 所对的圆周角 $\angle BAC$ 等于与它所对的圆心角 $\angle BOC$ 的一半：

$$\angle BAC = \frac{1}{2}\angle BOC$$

证明 画出连接 O 和 A 的直线，直线 AO 与圆的位置关系有以下几种情况：直线 AO 通过 B；直线 AO 通过 C；直线 AO 与和弧相交；直线 AO 与弧 $\overset{\frown}{BC}$ 的共轭弧相交。

1°) 如右图所示，当直线 AO 通过点 B 之时，等腰三角形 $\triangle OAC$ 的底角 $\angle OAC$ 和 $\angle OCA$ 相等(定理 2.7)，因为其外角 $\angle BOC$ 等于与它不相邻的两个内角 $\angle OAC$ 和 $\angle OCA$ 之和(定理 4.3)，所以

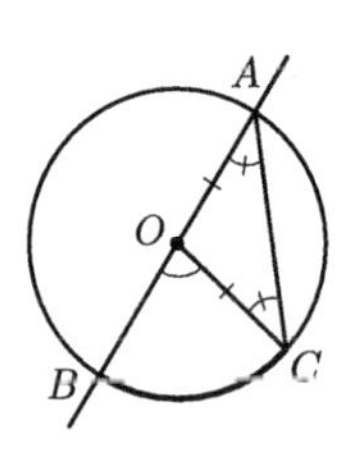

$$\angle BOC = \angle OAC + \angle OCA = 2\angle OAC = 2\angle BAC$$

因此

$$\angle BAC = \frac{1}{2}\angle BOC$$

2°) 如右图所示，当直线 AO 通过点 C 之时，与 1°) 的思路相同，

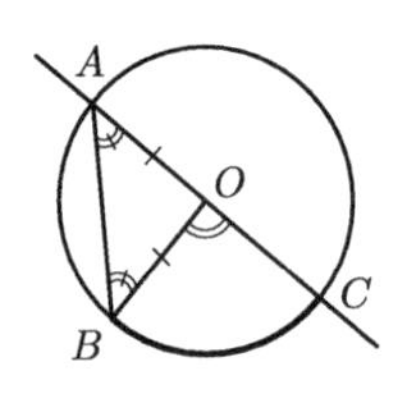

$$\angle BAC = \frac{1}{2}\angle BOC$$

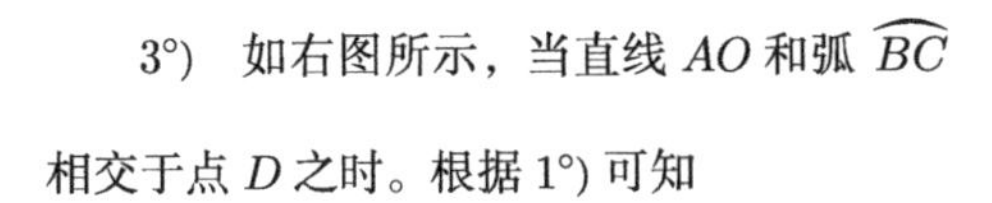

3°) 如右图所示，当直线 AO 和弧 $\overset{\frown}{BC}$ 相交于点 D 之时。根据 1°) 可知

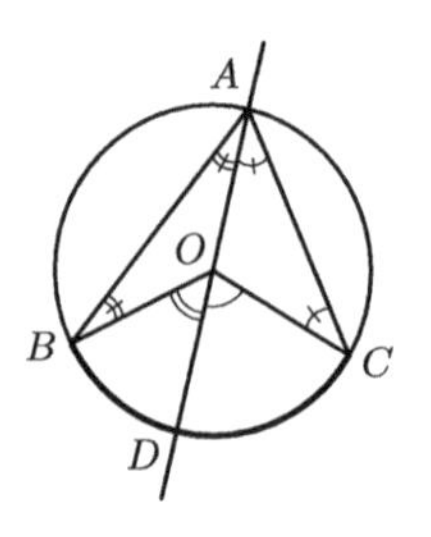

$$\angle DAC = \frac{1}{2}\angle DOC$$

另外，根据 2°) 可知

$$\angle BAD = \frac{1}{2}\angle BOD$$

因此

$$\begin{aligned}\angle BAC &= \angle BAD + \angle DAC \\ &= \frac{1}{2}(\angle BOD + \angle DOC) = \frac{1}{2}\angle BOC\end{aligned}$$

4°) 如下图所示，当直线 AO 和弧 $\widehat{BC}$ 的共轭弧相交于点 D。在下图的左图中，根据 1°) 可知

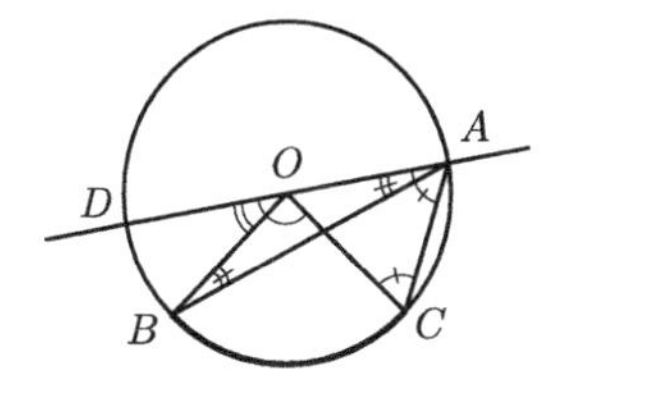

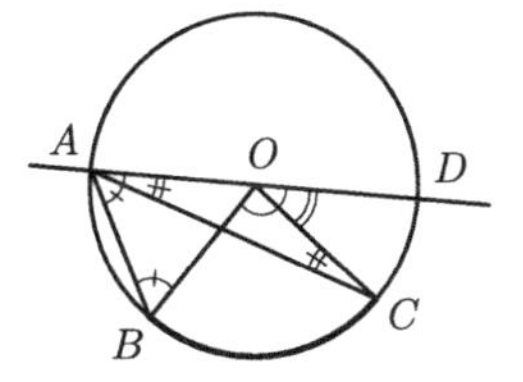

$$\begin{aligned}\angle BAC &= \angle DAC - \angle DAB \\ &= \frac{1}{2}(\angle DOC - \angle DOB) = \frac{1}{2}\angle BOC\end{aligned}$$

在上图的右图中，根据 2°) 可知

$$\begin{aligned}\angle BAC &= \angle BAD - \angle CAD \\ &= \frac{1}{2}(\angle BOD - \angle COD) = \frac{1}{2}\angle BOC\end{aligned}$$

（证毕）

定理 5.3（圆周角大小不变定理） 如果四点 A、B、C、D 在同一个圆上且 A 和 D 位于直线 BC 同侧，那么

$$\angle BAC = \angle BDC$$

证明 看右图可知 $\angle BAC$ 和 $\angle BDC$ 都是弧 $\overset{\frown}{BC}$ 所对的圆周角。因此，根据定理 5.2 可知

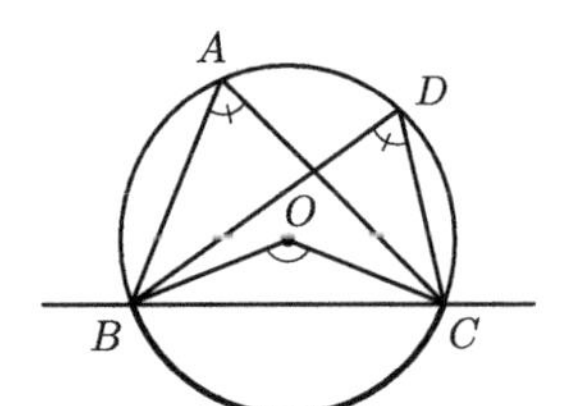

$$\angle BAC = \frac{1}{2}\angle BOC$$

$$\angle BDC = \frac{1}{2}\angle BOC$$

因此

$$\angle BAC = \angle BDC$$

（证毕）

根据这个定理可知，无论点 A 在弧 $\overset{\frown}{BC}$ 的共轭弧上如何移动，圆周角 $\angle BAC$ 的大小不变。

这个定理的逆命题也成立。

定理 5.4 如果两点 A 和 D 位于直线 BC 的同侧且 $\angle BDC = \angle BAC$，那么四点 A、B、C、D 在同一个圆上。

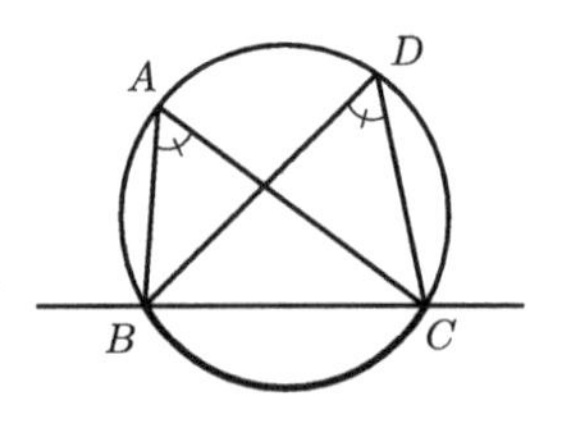

证明 通过三点 A、B、C 的圆为 γ（定理 5.1），使用归谬法证明 D 在 γ 上。因此假定 D 不在 γ 上。

这样一来，D 与圆 γ 的位置关系有两种情况：D 在圆 γ 的内部；D 在圆 γ 的外部。

如右图所示，如果 D 在圆 γ 的内部，那么 $\angle BDC$ 的边 DC 的延长线和 $\overset{\frown}{BC}$ 的共轭弧相交，交点为 E。因为 $\triangle DEB$ 的外角 $\angle BDC$ 大于任何一个与它不相邻的内角（定理 2.6），所以

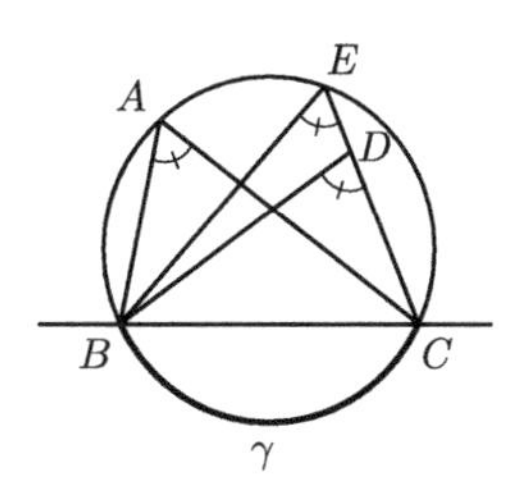

$$\angle BDC > \angle BEC$$

又根据圆周角大小不变定理得出

$$\angle BEC = \angle BAC$$

因此

$$\angle BDC > \angle BAC$$

这与条件 $\angle BDC = \angle BAC$ 相矛盾。

如右图所示，如果 D 在圆 γ 的外部，那么连接弦 BC 上的点 M 和 D 的线段与 $\overset{\frown}{BC}$ 的共轭弧相交，交点为 E。因为 E 在 $\triangle DCB$ 的内部，所以

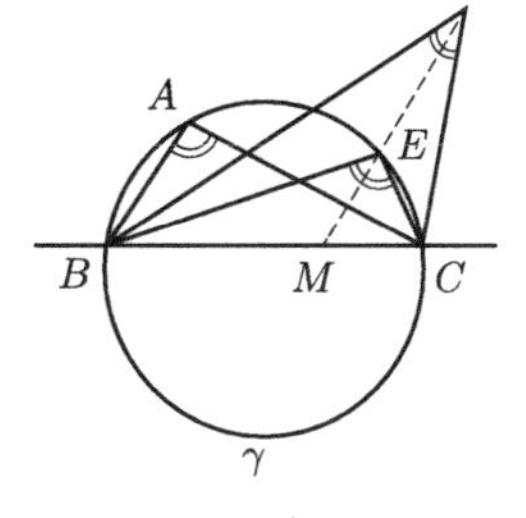

$$\angle BDC < \angle BEC$$

根据圆周角大小不变定理得出

$$\angle BEC = \angle BAC$$

因此

$$\angle BDC < \angle BAC$$

这与条件 $\angle BDC = \angle BAC$ 相矛盾。

如上，无论 D 在 γ 的内部还是外部，都与 $\angle BDC = \angle BAC$ 相矛盾，所以如果 $\angle BDC = \angle BAC$，那么 D 在 γ 上（证毕）。

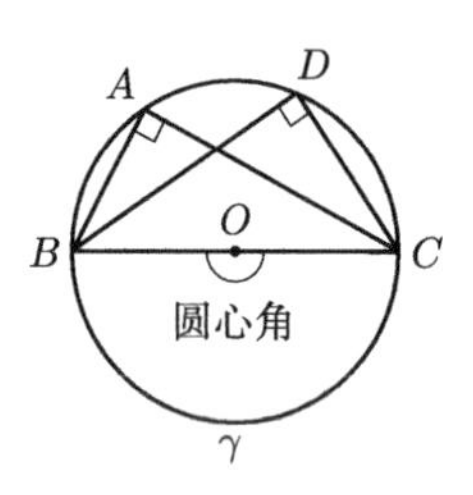

有一种特殊情况，当弦 BC 是圆 γ 的直径，半圆 $\overset{\frown}{BC}$ 的圆心角为 $2\angle R$，因此圆周角 $\angle BAC$ 是 $\angle R$。故而，

推论 点 D 在以线段 BC 为直径的圆上的充要条件是 $\angle BDC = \angle R$。

圆的内接四边形 当四边形 $ABCD$ 的顶点 A、B、C、D 在同一个圆上，四边形 $ABCD$ **内接**于圆。

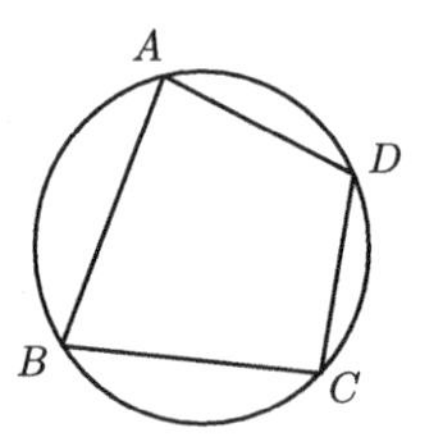

定理 5.5 圆的内接四边形的对角互补。

即在右图中的四边形 $ABCD$ 中，

$$\angle A + \angle C = 2\angle R,$$

$$\angle B + \angle D = 2\angle R$$

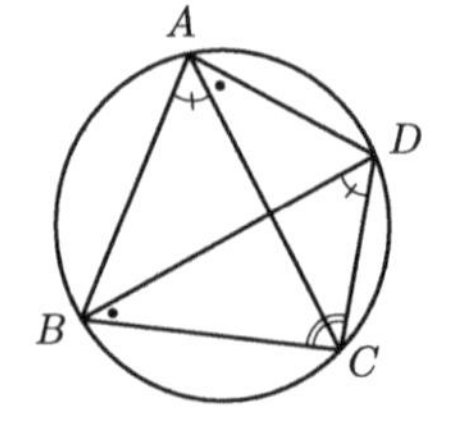

证明 在右图中，根据圆周角大小不变定理得出

$$\angle BAC = \angle BDC$$

$$\angle CAD = \angle CBD$$

因此

$$\begin{aligned}\angle A &= \angle BAC + \angle CAD \\ &= \angle BDC + \angle CBD\end{aligned}$$

故而三角形的内角之和等于 $2\angle R$，所以

$$\angle A + \angle C = \angle BDC + \angle CBD + \angle C = 2\angle R \qquad \text{（证毕）}$$

下面的定理是定理 5.5 的逆定理。

定理 5.6 一组对角互补的四边形内接于圆。

证明 在四边形 $ABCD$ 中，$\angle A + \angle C = 2\angle R$。通过三点 B、C、D 的圆为 γ，如右图，定义 γ 上的点为 E。因为四边形 $EBCD$ 内接于圆，所以根据定理 5.5 可知

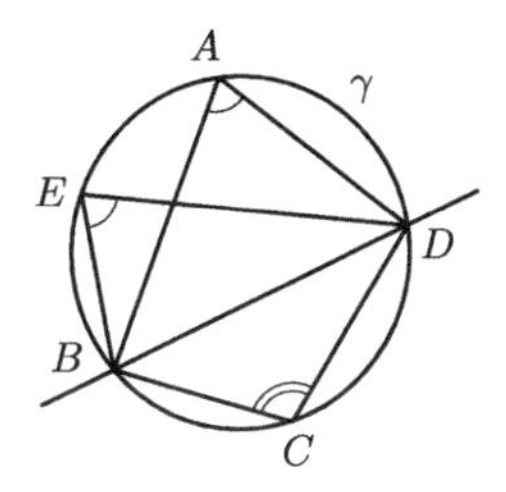

$$\angle E + \angle C = 2\angle R$$

因此

$$\angle A = \angle E$$

故而，根据定理 5.4 可知四点 A、B、D、E 在同一个圆上。即 A 在圆周 γ 上（证毕）。

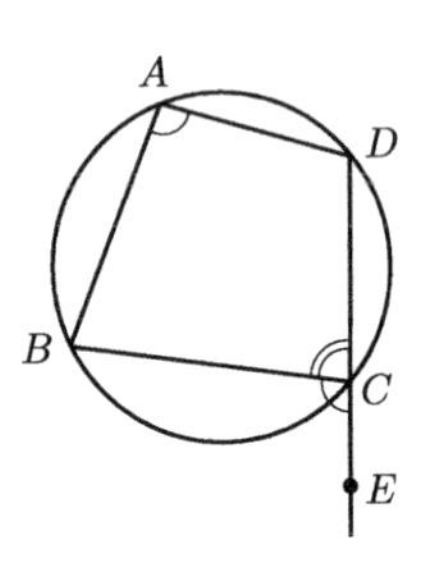

和三角形相同，右图中 $\angle BCE$ 那样的角叫作四边形 $ABCD$ 的外角，$\angle A$ 叫作外角 $\angle BCE$ 的内对角。因为内角 $\angle BCD$ 是外角 $\angle BCE$ 的补角，所以内角 $\angle A$ 和 $\angle BCD$ 互补，等价于外角 $\angle BCE$ 等于其内对角 $\angle A$。因此有如下推论：

推论 圆内接四边形的外角等于其内对角。相反，一个外角等于其内对角的四边形内接于圆。

到现在为止，平面几何中最基本的定理已经讲完了，下面是定理的应用。

§6 各种各样的定理

本节内容将应用前面讲到的基本定理，推导出各种结论。

外心 已知 $\triangle ABC$，过其顶点 A、B、C 的圆有且只有一个（定理 5.1）。这个圆叫作 $\triangle ABC$ 的**外接圆**，外接圆的圆心叫作 $\triangle ABC$

的**外心**。外心 O 到三个点 A、B、C 的距离都相等，所以根据定理 3.7 可知，O 在三边 BC、CA、AB 的垂直平分线上。故而，

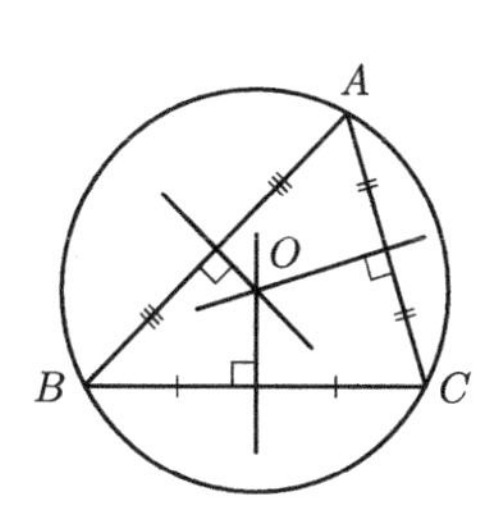

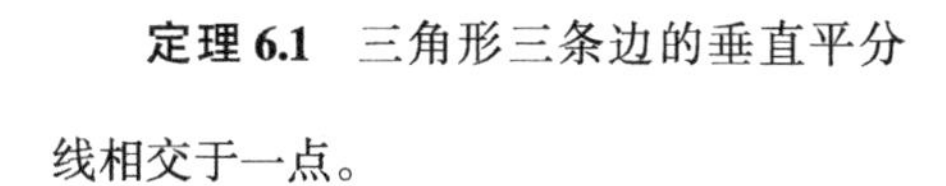

定理 6.1 三角形三条边的垂直平分线相交于一点。

内心

定理 6.2 三角形三个内角的角平分线相交于一点。

证明 当 $\angle A$ 的平分线和 $\angle B$ 的平分线的交点为 I 时，求证 $\angle C$ 的平分线通过 I。

如下图所示，经过 I 画出三边 BC、CA、AB 作垂线，垂足分别为 D、E、F。根据定理 3.8 可知

$$IE = IF，IF = ID$$

因此

$$IE = ID$$

即 I 到 $\angle C$ 的两边 CA 和 CB 的距离相等（证毕）。

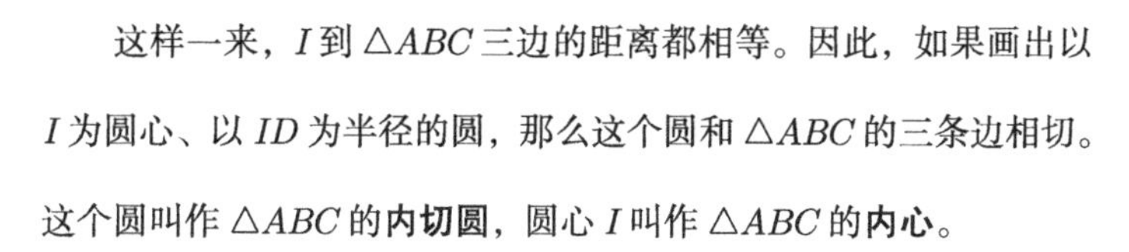

这样一来，I 到 $\triangle ABC$ 三边的距离都相等。因此，如果画出以 I 为圆心、以 ID 为半径的圆，那么这个圆和 $\triangle ABC$ 的三条边相切。这个圆叫作 $\triangle ABC$ 的**内切圆**，圆心 I 叫作 $\triangle ABC$ 的**内心**。

垂心

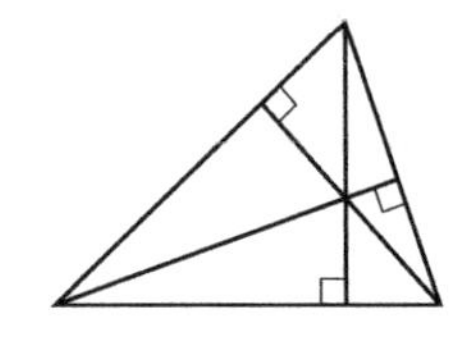

定理 6.3 经过三角形的三个顶点分别向其对边作垂线，三条垂线相交于一点。

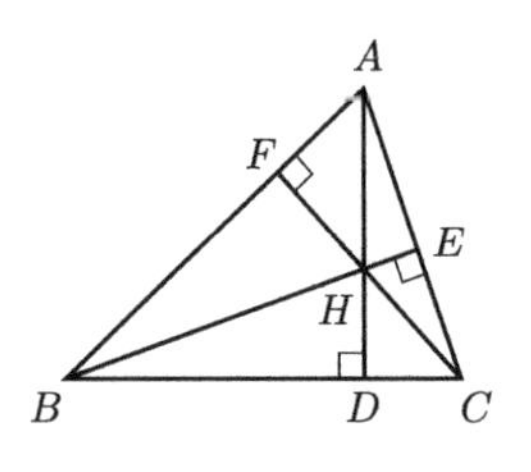

证明 经过$\triangle ABC$的顶点A、B、C分别做边BC、CA、AB的垂线，垂线的垂足分别为D、E、F，证明垂线AD和垂线BE相交于H点之时，垂线CF通过H。

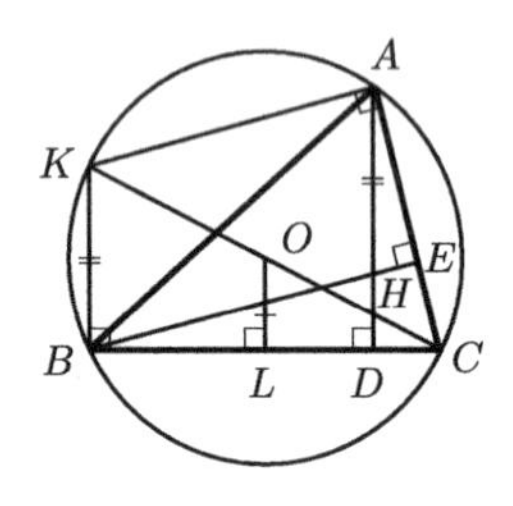

如右图所示，画出$\triangle ABC$的外接圆，外心为O，半径CO的延长线和外接圆的交点为K。因为半圆的圆周角$\angle KBC$是$\angle R$（定理 5.4 的推论），所以

$$KB \perp BC$$

因为垂直于同一条直线的两条直线平行（定理 4.1 的推论 2），所以

$$KB \parallel AD$$

同理

$$KA \parallel BE$$

因此，四边形$KBHA$是平行四边形。因此根据定理 4.6 可知

$$HA = BK$$

经过外心作出边 BC 的垂线，垂足为 L，因为 O 是 $\triangle CKB$ 边 CK 的中点，$LO \parallel BK$，所以根据定理 4.11 可知

$$BK = 2LO$$

因此

$$HA = 2LO$$

垂线 AD 和垂线 CF 的交点为 H'，同理 $H'A = 2LO$。因此 $H'A = HA$。故而，H' 和 H 为同一点。即垂线 CF 通过 H（证毕）。

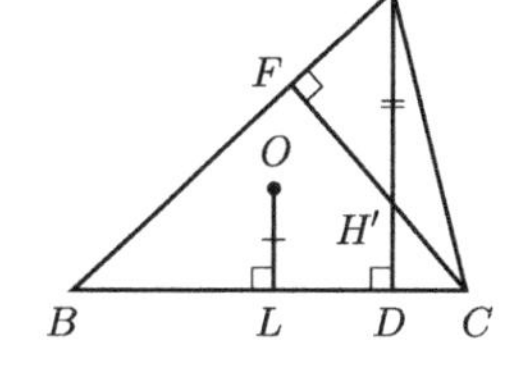

我们把三条垂线 AD、BE、CF 的交点 H 叫作 $\triangle ABC$ 的**垂心**。

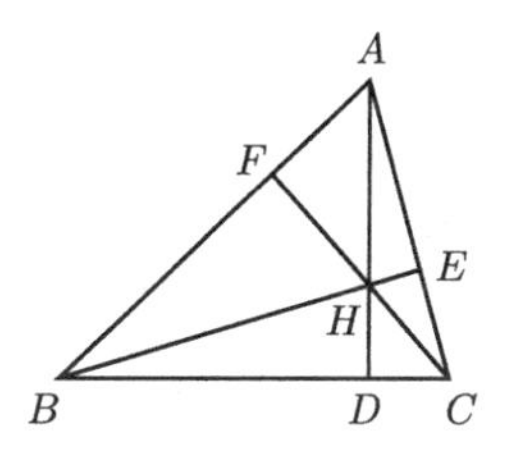

下面是这个定理的通常的证明方法。不管是在旧制中学学过的证明，还是《理解几何学》中出现的证明[①]，证明过程都一样。

其他证法 如下页图所示，通过 $\triangle ABC$ 的顶点 A、B、C，分别画出与其对边 BC、CA、AB 平行的直线，其交点分别为 P、Q、R。这样一来，四边形 $ABCR$ 和 $QBCA$ 都是平行四边形。因为平行四边形的对边相等，所以 $QA = BC = AR$，故而 A 是 $\triangle PQR$ 的

①《理解几何学》，第 114 页。

边 QR 的中点。因为 $BC \parallel QR$，所以经过 $\triangle ABC$ 的顶点 A 作出边 BC 的垂线 AD，AD 也垂直于边 QR（定理 4.2 推论 2）。因此，垂线 AD 是边 QR 的垂直平分线。同理，垂线 BE 是边 PQ 的垂直平分线，垂线 CF 是边 RP 的垂直平分线。故而，根据定理 6.1 可知，三条垂线 AD、BE、CF 相交于一点（证毕）。

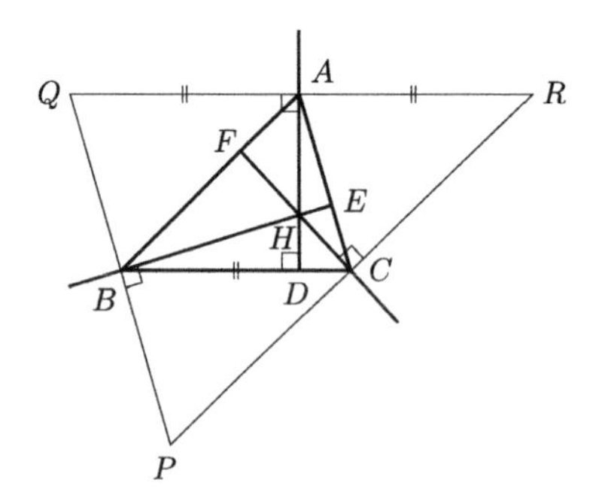

上述证法比最初的证法更简洁明了，不过从最初的证法中可以推导出下面的推论。

推论 已知 $\triangle ABC$ 的垂心为 H，外心为 O，经过 O 向边 BC 作垂线，垂足为 L，那么

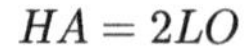

$$HA = 2LO$$

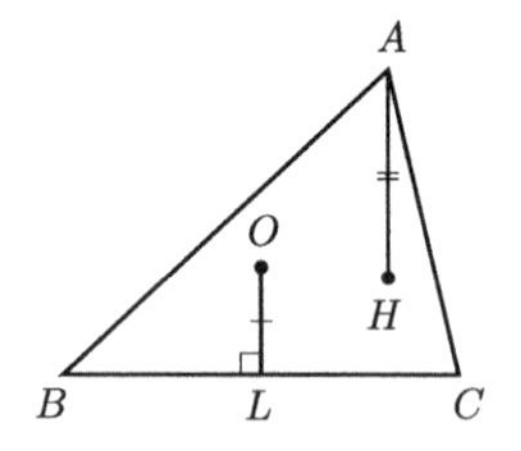

重心 连接三角形顶点与其对边中点的线段叫作三角形的中线。

定理 6.4 三角形的三条中线相交于一点。

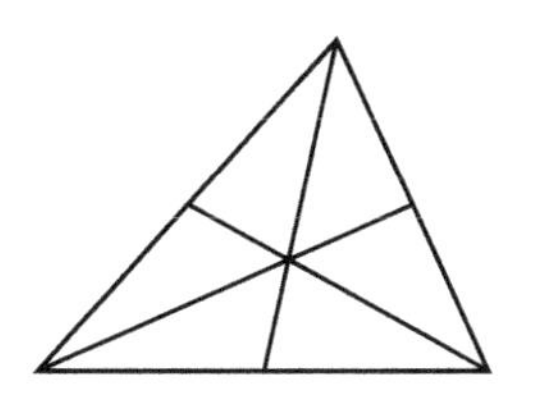

证明 如右下图所示，$\triangle ABC$ 边 BC、CA、AB 的中点分别为 L、M、N，中线 AL 和中线 BM 的交点为 G，求证连接 C 和 G 的直线 CG 通过 N。

线段 CG 的中点是 K。连接三角形两边中点的线段和第三条边平行，并且等于第三边的一半（定理 4.11 推论），所以

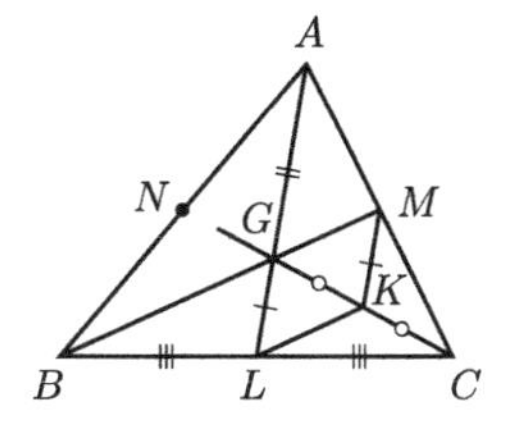

$$LK \parallel BG$$

$$MK \parallel AG，MK = \frac{1}{2}AG$$

因此四边形 $GLKM$ 是平行四边形。所以

$$GL = MK$$

所以

$$GL = \frac{1}{2}AG$$

所以

$$AG = \frac{2}{3}AL$$

如果中线 AL 和中线 CN 的交点为 G'，同理

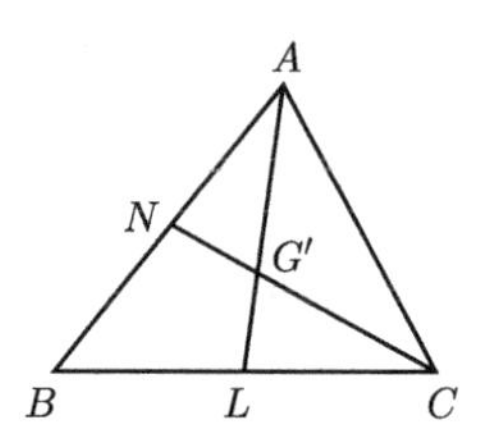

$$AG' = \frac{2}{3}AL$$

所以

$$AG' = AG$$

因此 G' 和 G 为同一个点，即直线 CG 通过 N（证毕）。

$\triangle ABC$ 三条中线的交点 G 叫作 $\triangle ABC$ 的**重心**。

定理 6.5 如果 $\triangle ABC$ 的重心 G 在连接垂心 H 和外心 O 的线段 HO 上，那么

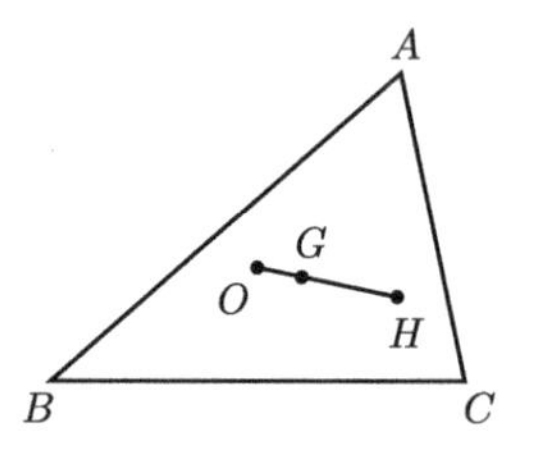

$$HG = 2GO$$

证明 如右图所示，过外心 O 向边 BC 作垂线，垂足为 L，线段 AL 和线段 HO 的交点为 G，求证 G 是 $\triangle ABC$ 的重心，$HG = 2GO$。

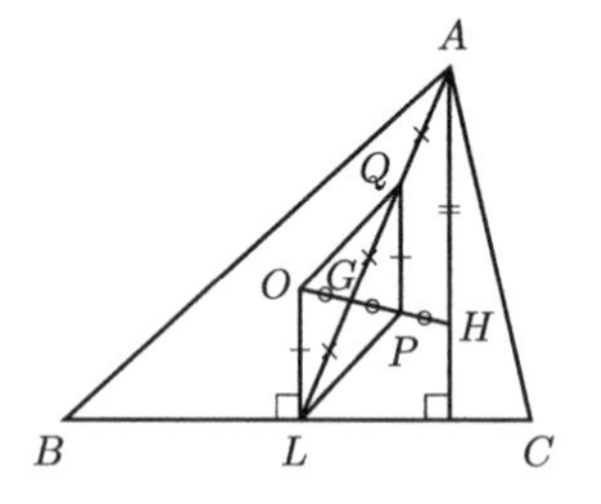

$\triangle GHA$ 边 GH 的中点为 P，边 GA 的中点为 Q，根据定理 4.11 的推论可知

$$PQ \parallel HA，PQ = \frac{1}{2}HA$$

另一方面，$LO \parallel HA$，根据定理 6.3 的推论可知

$$LO = \frac{1}{2}HA$$

因此

$$LO \parallel PQ，LO = PQ$$

所以根据定理 4.9 的推论可知，四边形 $LOQP$ 是平行四边形，因此其对角线 OP 和 LQ 互相平分（定理 4.7）。即

$$QG = GL，GO = PG$$

Q 是线段 AG 的中点，所以

$$AG = 2QG = 2GL$$

因此

$$AL = AG + GL = 3GL$$

所以

$$AG = \frac{2}{3}AL$$

故而，根据定理 6.4 的证明可知，G 是 $\triangle ABC$ 的重心。

又因为 P 是线段 HG 的中点，所以

$$HG = 2PG = 2GO$$

（证毕）

九点圆定理

定理 6.6（九点圆定理） 经过 $\triangle ABC$ 的顶点 A、B、C 分别作其对边的垂线，垂足分别为 D、E、F，对边 BC、CA、AB 的中点分别为 L、M、N，$\triangle ABC$ 的垂心为 H，线段 AH、BH、CH 的中点分别为 P、Q、R。这样一来，九个点 D、E、F、L、M、N、P、Q、R 在同一个圆上。这个圆叫作 $\triangle ABC$ 的**九点圆**。

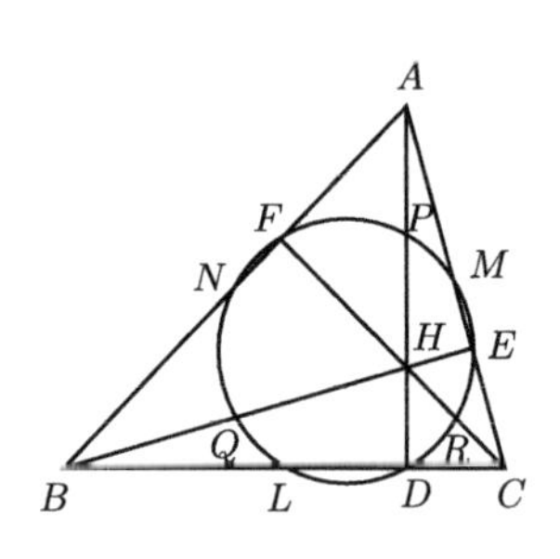

证明 定理看起来很复杂，但是证明却意外简单。画出 $\triangle ABC$ 的外接圆，圆心为 O，半径为 r。设圆 γ 的圆心是线段 OH 的中点 T，半径为 $\frac{r}{2}$，即可证明圆 γ 为 $\triangle ABC$ 的九点圆。为此，首先需要证明三点 L、P、D 在圆 γ 上。

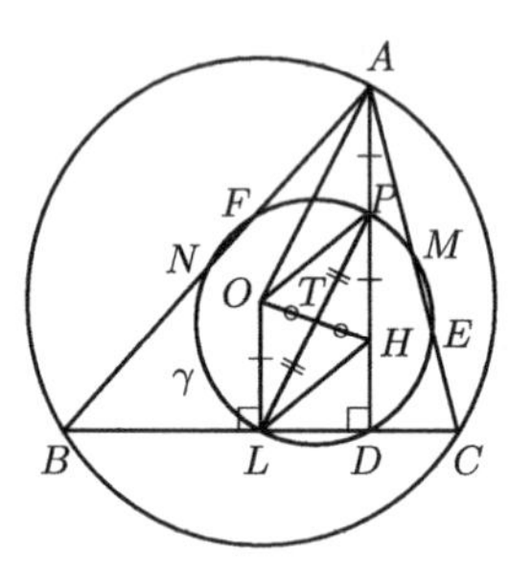

根据定理 6.3 的推论，可以得出

$$HA = 2LO$$

因此

$$LO = HP = PA$$

又因为 $OL \parallel AD$，所以

$$LO \parallel HP,\ LO \parallel PA$$

故四边形 $LOPH$ 和 $LOAP$ 都是平行四边形（定理 4.9）。因为平行四边形的对角线互相平分（定理 4.7），所以线段 OH 的中点 T 是线段 LP 的中点。因为平行四边形的对边相等，所以

$$LP = OA = r$$

所以以 T 为圆心、半径为 $\frac{r}{2}$ 的圆 γ 通过点 L 和点 P。因为

$$\angle LDP = \angle R$$

所以根据定理 5.4 的推论可知，D 位于以线段 LP 为直径的圆 γ 上。

这样一来，三点 L、D、P 在圆 γ 上。同理，M、E、Q 也在圆 γ 上。因此圆 γ 是 $\triangle ABC$ 的九点圆（证毕）。

推论　$\triangle ABC$ 的外心为 O，垂心为 H，外接圆的半径为 r，那么 $\triangle ABC$ 的九点圆是以线段 OH 的中点为圆心、半径为 $\frac{r}{2}$ 的圆。

西姆松定理

定理 6.7（西姆松定理）　经过 $\triangle ABC$ 外接圆上的一点 P 作三边 BC、CA、AB 的垂线，垂足分别为 D、E、F，这三点在同一条直线上。

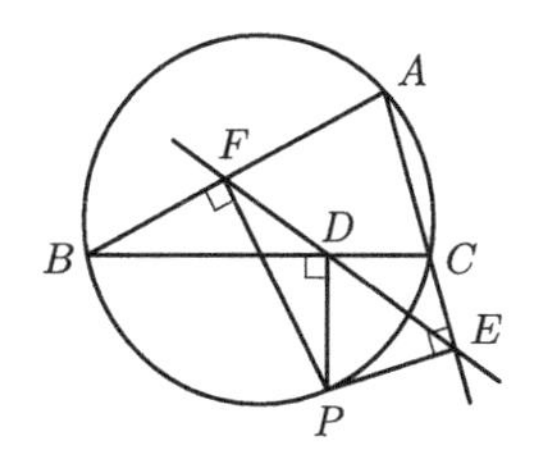

证明　只要证明连接 D、F 的直线 DF 与连接 E、F 的直线 EF 重合即可，因此在下图中，需要证明 $\angle DFP = \angle EFP$。

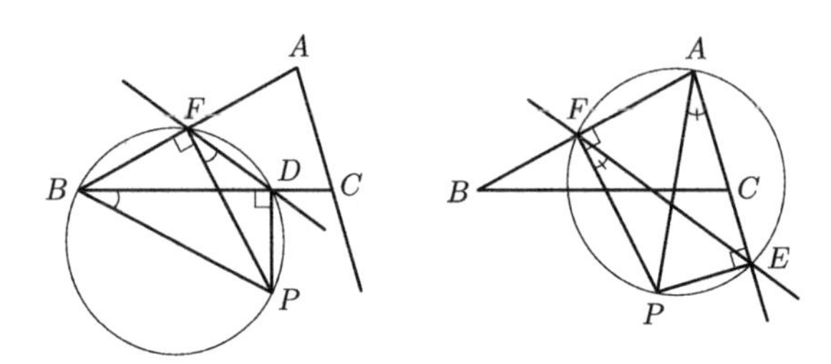

在上图的左图中

$$\angle PFB = \angle PDB = \angle R$$

所以根据定理 5.4 的推论可知，F 和 D 在以线段 BP 为直径的圆上。因此，根据圆周角不变的定理可知

(1) $$\angle DFP = \angle CBP$$

在上图的右图中

$$\angle PFA = \angle PEA = \angle R$$

所以 F 和 E 在以线段 AP 为直径的圆上。因此，根据圆周角不变的定理可知

(2) $$\angle EFP = \angle CAP$$

根据假设，P 在 $\triangle ABC$ 的外接圆上，所以根据圆周角不变的定理可知

$$\angle CBP = \angle CAP$$

因此根据 (1) 和 (2) 可知

$$\angle DFP = \angle EFP$$

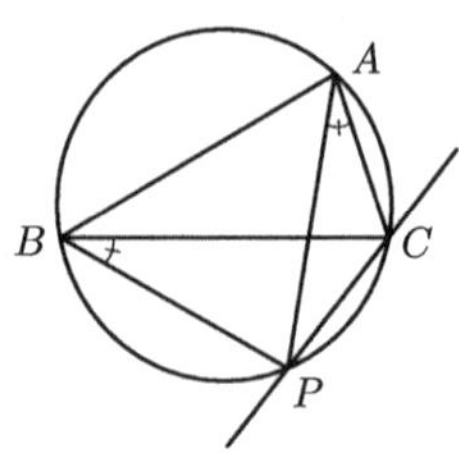

所以直线 DF 和直线 EF 重合，三点 D、E、F 在同一条直线上（证毕）。

定理 6.8（西姆松定理的逆定理）经过点 P 作出到 $\triangle ABC$ 三边 BC、CA、AB 或者其延长线的垂线，垂足分别为 D、E、F，如果垂足在同一直线上，那么 P 在 $\triangle ABC$ 的外接圆上。

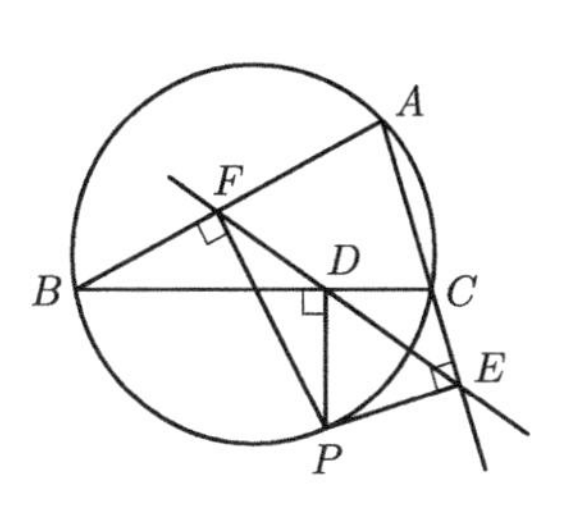

证明　如果逆向推导西姆松定理的证明，就可以证明其逆定理。

即在右图中，F、D 在以线段 BP 为直径的圆上，F、E 在以线段 AP 为直径的圆上，所以

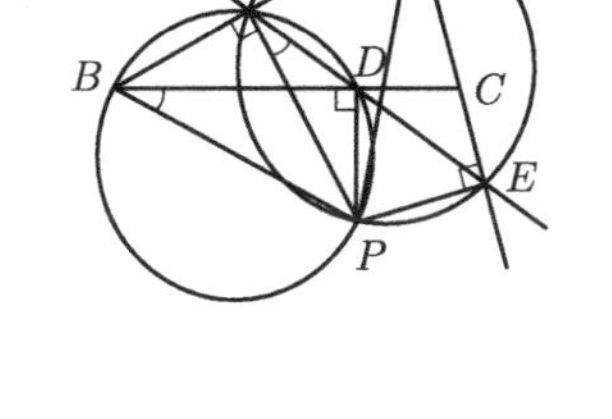

$$\angle DFP = \angle CBP$$

$$\angle EFP = \angle CAP$$

根据假设可知，三点 D、E、F 在同一条直线上，所以 $\angle DFP$ 和 $\angle EFP$ 是同一个角。因此

$$\angle CBP = \angle CAP$$

所以根据定理 5.4 可知，四点 A、B、P、C 在同一个圆上，即 P 在 $\triangle ABC$ 的外接圆上。

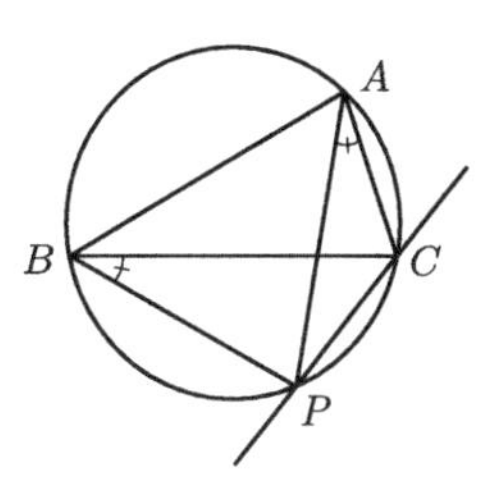

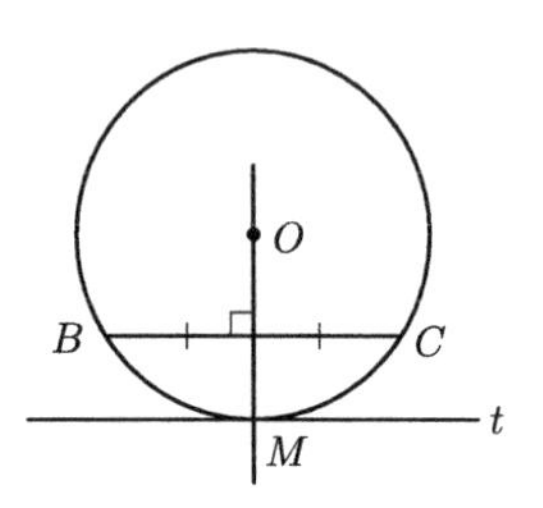

弧的中点 圆的弦 BC 的垂直平分线和弧 $\widehat{BC}$ 相交于点 M，点 M 叫作弧 $\widehat{BC}$ 的中点。弦 BC 的垂直平分线经过圆的圆心 O。如果在中点 M 上画出圆的切线 t，那么 t 垂直于圆的半径 OM。因此切线 t 平行于弦 BC。

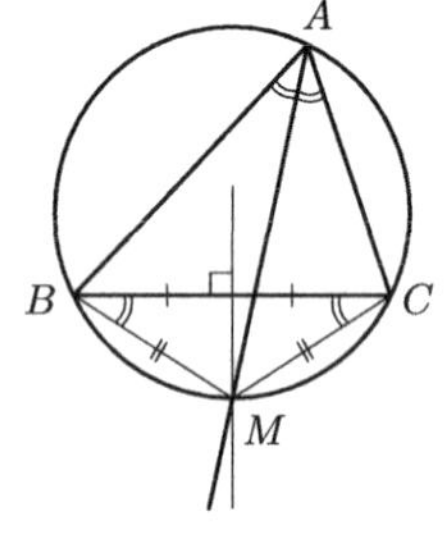

定理 6.9 弧 $\widehat{BC}$ 所对的圆周角 $\angle BAC$ 的角平分线经过弧 $\widehat{BC}$ 的中点 M。

证明 在右图中，证明射线 AM 是 $\angle BAC$ 的角平分线。

因为弦 BC 垂直平分线上的点到 B 和 C 的距离相等（定理 3.7），所以 MB 和 MC 相等。即 $\triangle MBC$ 是等腰三角形。因此根据定理 2.7 可知

$$\angle MCB = \angle MBC$$

另一方面，根据圆周角大小不变定理可知

$$\angle MAB = \angle MCB，\angle MAC = \angle MBC$$

所以

$$\angle MAB = \angle MAC$$

即射线 AM 平分 $\angle BAC$（证毕）。

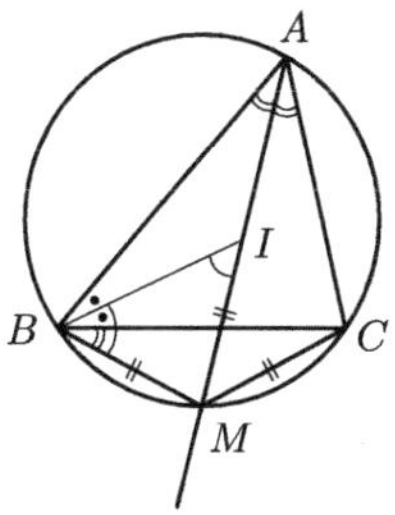

例题 1　$\triangle ABC$ 的内心为 I，射线 AI 和 $\triangle ABC$ 的外接圆交于点 M，求证 M 是弧 $\overset{\frown}{BC}$ 的中点，$MB = MC = MI$。

证 明　I 是 $\triangle ABC$ 的内心，所以射线 AI 是 $\angle BAC$ 的角平分线。因此，根据定理 6.9 及其证明可以得出 M 是弧 $\overset{\frown}{BC}$ 的中点，$MB = MC$。为了证明 $\triangle MBI$ 中

$$MB = MI$$

根据定理 2.10 可知，只需证明 $\angle MIB = \angle MBI$ 即可。

$\triangle IAB$ 的外角 $\angle MIB$ 等于与它不相邻的两个内角之和，即

$$\angle MIB = \angle IAB + \angle IBA$$

又根据定理 6.9 的证明可知

$$\angle IAB = \angle MBC$$

另外

$$\angle IBA = \angle IBC$$

因此

$$\angle MIB = \angle MBC + \angle IBC = \angle MBI$$

（证毕）

例题 2　画出 $\triangle ABC$ 的外接圆，如下页右图所示，弧 $\overset{\frown}{BC}$、$\overset{\frown}{CA}$、$\overset{\frown}{AB}$ 的中点分别为 L、M、N，求证 $\triangle ABC$ 的内心 I 和 $\triangle LMN$ 的垂心相同。

证明 根据例题 1 可知，射线 AI 经过弧 $\overset{\frown}{BC}$ 的中点 L。换句话说，直线 LA 经过内心 I。求证直线 LA 垂直于 $\triangle LMN$ 的边 MN。

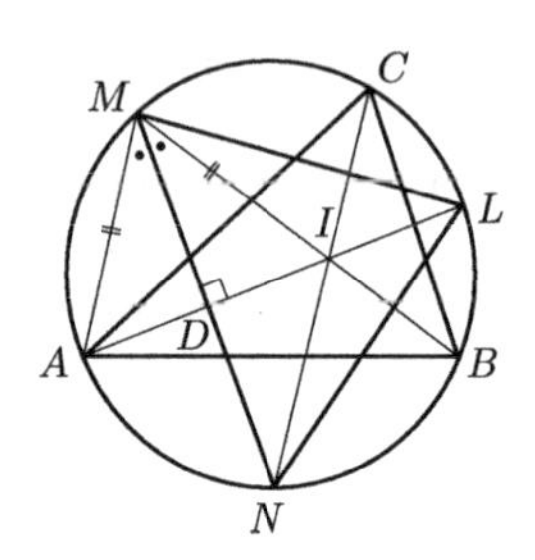

根据例题 1 可知，射线 BI 经过 M，$MA = MI$（在上图中，用眼睛看会误认为 $MI > MA$，但用尺子测量就可以知道 $MI = MA$）。还有，因为 N 是弧 $\overset{\frown}{AB}$ 的中点，所以根据定理 6.9 可知，射线 MN 平分 $\angle AMB$。因此，当直线 LA 和边的交点为 D 时，比较 $\triangle AMD$ 和 $\triangle IMD$ 可知

$$MA = MI，MD = MD，\angle AMD = \angle IMD$$

因此根据边角边公理可知

$$\triangle AMD \equiv \triangle IMD$$

故

$$\angle MDA = \angle MDI = \angle R$$

即直线 LA 垂直于边 MN。因此，经过 $\triangle LMN$ 的顶点作其对边 MN 的垂线 LA 经过 I。

同理，经过顶点 M 作其对边 NL 的垂线 MB 也经过 I，经过顶点 N 作其对边 LM 的垂线 NC 也经过 I。因此 I 是 $\triangle LMN$ 的垂心（证毕）。

§ 7 圆论

仅以我们目前为止讲述的三角形、四边形和圆的定理为基础的平面几何理论，叫作**圆论**。在过去的平面几何中，使用比例或者面积相关知识就能够简单证明的定理，也可以使用圆论的知识来证明，这种做法在当时是一种潮流。在圆论领域中，必要的实数运算仅仅限于加法、减法、乘以自然数、除以自然数这四种运算，所以圆论在平面几何中是最像几何的理论，圆论在证明过程中，会避免使用比例和面积的知识，这被认为是清晰易懂的妙解[①]。

例如，有下面一个定理。

定理 在经过一点 O 的三条直线上分别取两点 A 和 D、B 和 E、C 和 F，如果 $DE \parallel AB$，$EF \parallel BC$，那么 $DF \parallel AC$。

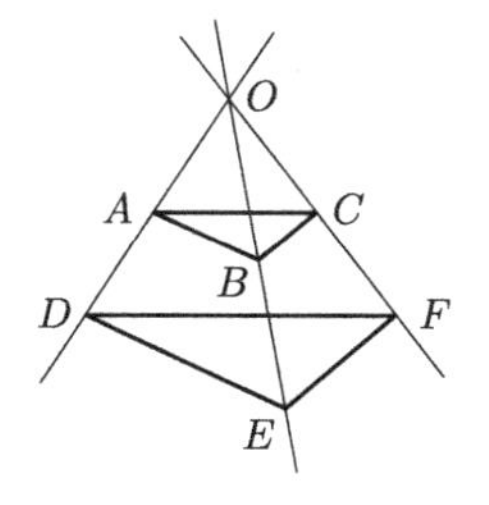

这是旧制中学课程中的内容，这个定理使用比例就可以简单证明。过去平面几何的大家则用圆论领域的知识证明了这个定理。

在这一节中，参照秋山老师的《几何学徒然草》来讲述圆论的重要理论及其几个应用。

① 秋山武太郎:《几何学徒然草》，九版，高冈书店，1926 年，第 284 页。

角的方向 $\angle AOB$ 大小的定义：边 OA 围绕顶点 O 旋转至与边 OB 重合，其旋转量的大小为 $\angle AOB$ 的大小。现在考虑旋转方向。边 OA 旋转至与边 OB 重合，此时旋转方向如果和时钟旋转方向相反，那么 $\angle AOB$ 的方向为**正**，如果相同的话，$\angle AOB$ 的方向为**负**。这个定义的意思见右图便可一目了然。

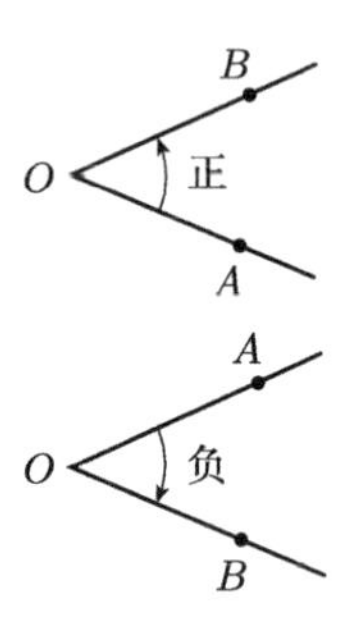

等角三角形 在 $\triangle ABC$ 和 $\triangle DEF$ 中，如果 $\angle A = \angle D$、$\angle B = \angle E$、$\angle C = \angle F$，那么 $\triangle ABC$ 和 $\triangle DEF$ 叫作**等角**三角形[①]。

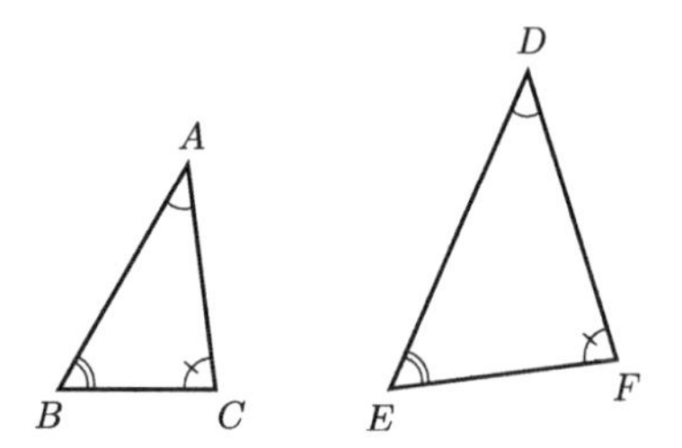

因为三角形的内角之和等于 $2\angle R$，所以，如果 $\angle A = \angle D$、$\angle B = \angle E$，那么 $\triangle ABC$ 和 $\triangle DEF$ **等角**。

下面的定理是圆论中重要的定理，用这个定理来证明等长或者等角，此时没必要使用比例或者面积的相关定理[②]。

① 三角形的“等角”用比例来说与“相似”相同，但是在圆论中，因为不考虑长度比，所以不说“相似”，而说“等角”。

② 秋山武太郎：《几何徒然草》，上面的内容出自第 190 页。

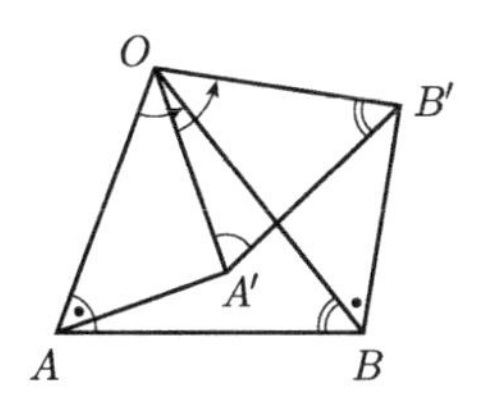

定理 7.1 以点 O 为公共顶点的两个三角形 $\triangle OAB$ 和 $\triangle OA'B'$ 等角，如果 $\angle AOB$ 和 $\angle A'OB'$ 的方向相同，那么 $\triangle OAA'$ 和 $\triangle OBB'$ 等角，$\angle AOA'$ 和 $\angle BOB'$ 的方向也相同。

证明 如果 $\angle AOA'$ 和 $\angle BOB'$ 相等、$\angle OAA'$ 和 $\angle OBB'$ 相等，那么 $\triangle OAA'$ 和 $\triangle OBB'$ 等角，所以 $\angle AOA'$ 和 $\angle BOB'$ 方向相同且相等。因此只需证明 $\angle OAA'$ 和 $\angle OBB'$ 相等即可。

在右图中，直线 $A'B'$ 和直线 AB 的交点为 K。根据假设可知，$\triangle OAB$ 和 $\triangle OA'B'$ 等角，所以

(1) $$\angle KBO = \angle KB'O$$

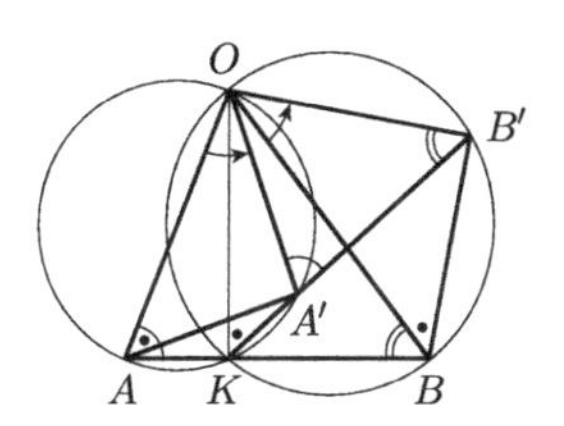

因此，根据定理 5.4 可知，四点 B'、O、K、B 在同一个圆周上。所以根据圆周角大小不变定理可知

(2) $$\angle OBB' = \angle OKB'$$

另外，$\triangle OAB$ 和 $\triangle OA'B'$ 等角，所以

(3) $$\angle OAK = \angle OA'B'$$

即四边形 $OAKA'$ 的外角 $\angle OA'B'$ 等于其内对角 $\angle OAK$。因此，根据定理 5.6 的推论可知，四边形 $OAKA'$ 内接于圆，所以根据圆周角大小不变定理可知

(4) $$\angle OKA' = \angle OAA'$$

因为 $\angle OKA'$ 和 $\angle OKB'$ 是同一个角，所以从 (4) 和 (2) 中可以得出等式

(5) $$\angle OAA' = \angle OBB'$$

在上页图中已经证明了等式 (5)，如果适当修改一部分的证明内容，此证明也适用于右图、下页图等情况。

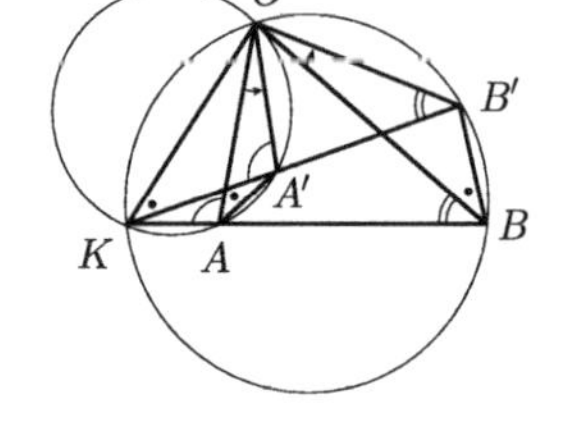

即，在右图中

(1) $$\angle KBO = \angle KB'O$$

因此

(2) $$\angle OBB' = \angle OKB'$$

也成立。$\triangle OAB$ 和 $\triangle OA'B'$ 等角，因此 $\angle OAB = \angle OA'B'$，所以取代 (3)

$(3)_2$ $$\angle OAK = \angle OA'K$$

成立。因此四点 A'、O、K、A 在同一个圆上，所以

(4) $$\angle OKA' = \angle OAA'$$

成立，从 (4) 和 (2) 中可以得出等式

(5) $$\angle OAA' = \angle OBB'$$

在上图中，因为 $\angle OBA$ 和 $\angle OB'A'$ 相等，所以

(1) $$\angle KBO = \angle KB'O$$

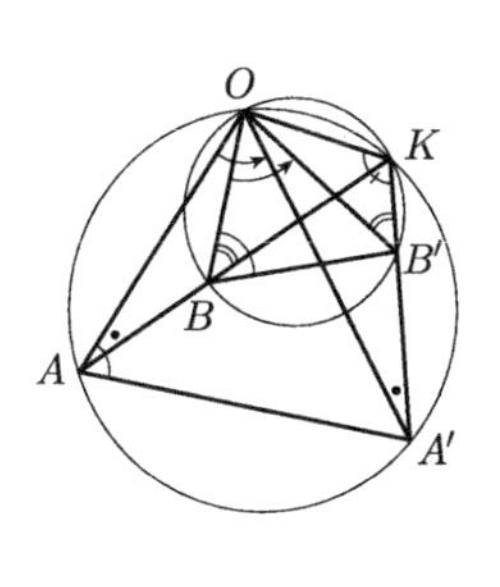

成立，因此四边形 $B'KOB$ 内接于圆，根据定理 5.5 可知

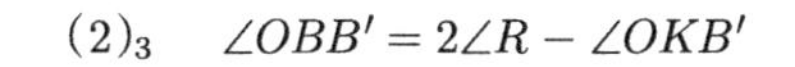

$(2)_3 \quad \angle OBB' = 2\angle R - \angle OKB'$

另外，$\angle OAB$ 和 $\angle OA'B'$ 相等，所以取代

$(3)_3 \quad \angle OAK = \angle OA'K$

成立。因此四边形 $A'KOA$ 内接于圆，所以取代 (4)

$(4)_3 \quad \angle OAA' = 2\angle R - \angle OKA'$

成立。$\angle OKA'$ 和 $\angle OKB'$ 是同一个角，故从 $(4)_3$ 和 $(2)_3$ 中可以得出等式

$(5) \quad \angle OAA' = \angle OBB'$

在右图中

$(1) \quad \angle KBO = \angle KB'O$

所以

$(2) \quad \angle OBB' = \angle OKB'$

也成立。另外，因为

$(3) \quad \angle OAK = \angle OA'K$

所以四边形 $AA'KO$ 内接于圆。因此根据定理 5.6 的推论可知

$(4)_4 \quad \angle OKB' = \angle OAA'$

从 $(4)_4$ 和 $(2)_3$ 中可知等式

$(5) \quad \angle OAA' = \angle OBB'$

如果适当地修正以上证明，此证明也适用于各种图形（证毕）。

下面我们应用此定理来证明本节开篇处引用的定理。

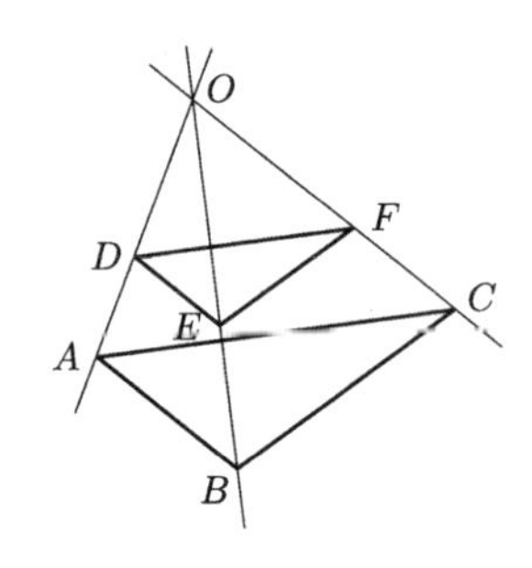

定理 7.2 在通过一点 O 的三条直线上分别取点 A 和 D、B 和 E、C 和 F，如果

$$AB \parallel DE, BC \parallel EF$$

那么

$$AC \parallel DF$$

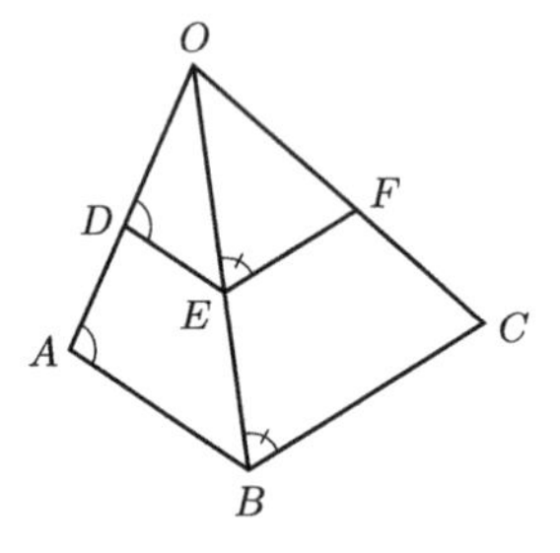

证明 因为 $AB \parallel DE$，所以 $\triangle OAB$ 和 $\triangle ODE$ 等角。比较 $\triangle OAB$ 和 $\triangle ODE$ 的角，$\angle AOB$ 和 $\angle DOE$ 是同一个角，平行的两条直线 AB 和 DE 被直线 AD 所截形成的同位角 $\angle OAB$ 和 $\angle ODE$ 相等。因为 $BC \parallel EF$，同理，$\triangle OBC$ 和 $\triangle OEF$ 等角。

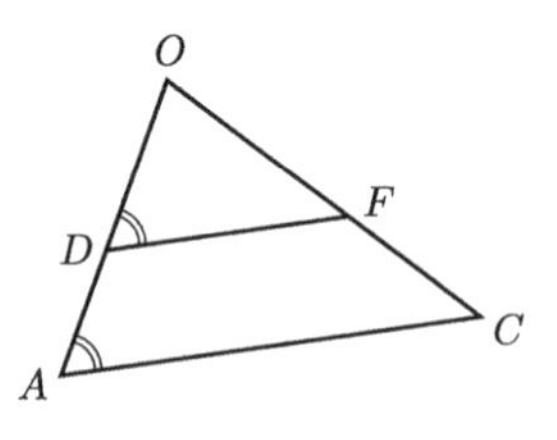

如果两条直线 AC 和 DF 被直线 AD 所截形成的同位角 $\angle OAC$ 和 $\angle ODF$ 相等，那么 $AC \parallel DF$。为了证明这点，只需要证明 $\triangle OAC$ 和 $\triangle ODF$ 等角即可。

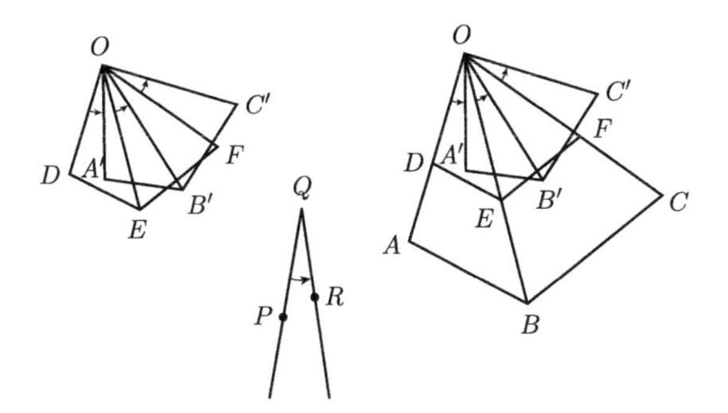

如上图所示，以 O 为中心稍微旋转四边形 $ODEF$，得到四边形 $OA'B'C'$。即预先准备一个小角 $\angle PQR$，定义三点 A'、B'、C'，使

$$OA' = OD、OB' = OE、OC' = OF$$

且 OA'、OB'、OC' 在相同旋转方向中依次排列使

$$\angle DOA' = \angle EOB' = \angle FOC' = \angle PQR$$

因此，根据边角边定理可知

$$\triangle OA'B' \equiv \triangle ODE，\triangle OB'C' \equiv \triangle OEF$$

因为 $\triangle OAB$ 和 $\triangle ODE$ 等角，所以 $\triangle OAB$ 和 $\triangle OA'B'$ 等角。同理，$\triangle OBC$ 和 $\triangle OB'C'$ 也等角。

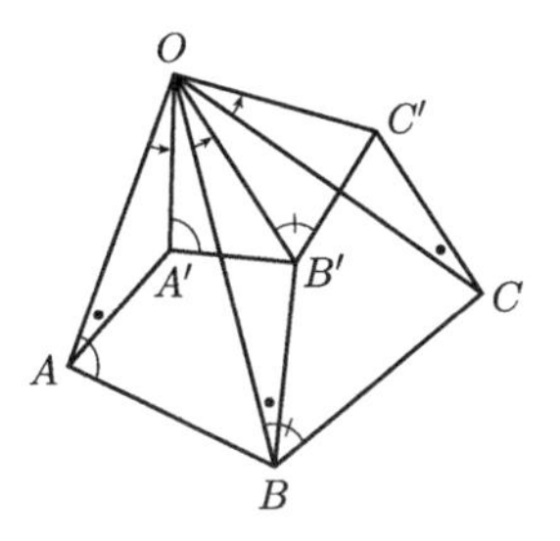

擦掉上图中最右图中的线段 DE 和 EF，连接 AA'、BB'、CC'，结果如右图所示。

在这个图中，$\triangle OAB$ 和 $\triangle OA'B'$ 等角，$\angle AOB$ 和 $\angle A'OB'$ 的方向相同，

所以根据定理 7.1 可知，$\triangle OAA'$ 和 $\triangle OBB'$ 等角。

同样，$\triangle OBC$ 和 $\triangle OB'C'$ 等角，$\angle BOC$ 和 $\triangle B'OC'$ 的方向相同，$\triangle OBB'$ 和 $\triangle OCC'$ 等角。

因此，因为 $\triangle OAA$ 和 $\triangle OBB'$ 等角，$\triangle OBB'$ 和 $\triangle OCC'$ 等角，所以 $\triangle OAA'$ 和 $\triangle OCC'$ 等角。

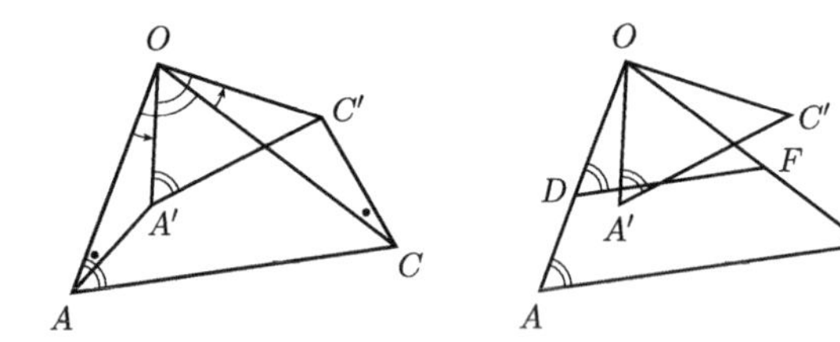

显而易见，可以得到 $\angle AOA'$ 和 $\angle COC'$ 的方向相同。因此，又根据定理 7.1 可知，$\triangle OAC$ 和 $\triangle OA'C'$ 等角，所以根据边角边定理可知

$$\triangle OA'C' \equiv \triangle ODF$$

因此 $\triangle OAC$ 和 $\triangle ODF$ 等角，所以

$$AC \parallel DF \qquad \text{（证毕）}$$

定理 7.3 在 $\triangle ABC$ 和 $\triangle DEF$ 中，当

$$AB \parallel DE、BC \parallel EF、CA \parallel FD$$

直线 AD 和直线 BE 的交点为 O，三点 O、C、F 在同一条直线上。

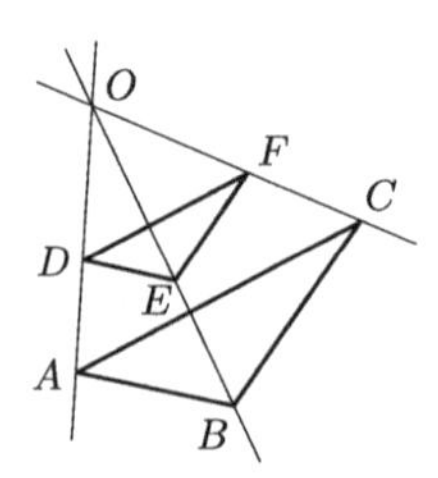

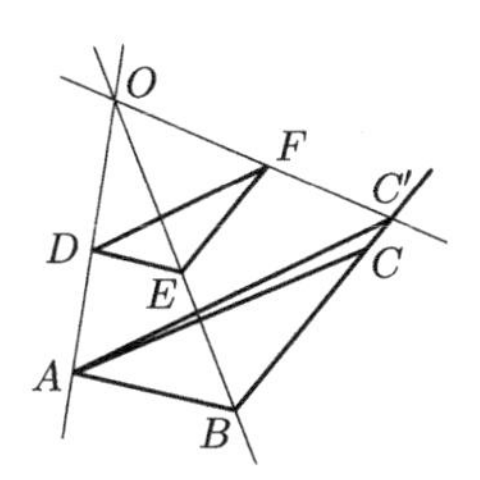

证明 求证连接两点 O、F 的直线 OF 经过点 C。

直线 OF 与边 BC 或者其延长线的交点为 C'，因为

$$AB \parallel DE,\ BC' \parallel EF$$

所以根据定理 7.2 可知

$$AC' \parallel DF$$

另一方面，根据假设可知

$$AC \parallel DF$$

根据平行线公理可知，经过 A 平行于直线 DF 的直线有且只有一条，所以直线 AC' 和直线 AC 是同一条直线，C' 和 C 是同一点，即直线 OF 经过 C（证毕）。

推论 在 $\triangle ABC$ 和 $\triangle DEF$ 中，如果

$$AB \parallel DE,\ BC \parallel EF,\ CA \parallel FD$$

那么三条直线 AD、BE、CF 若不相互平行，便相交于一点。

下面的定理是天才少年帕斯卡在 16 岁时发现的著名定理。

定理 7.4（帕斯卡定理） 内接于圆的六边形 $ABCDEF$ 的三组对边延长线的交点在同一条直线上。即如果直线 AB 和 DE 的交点为 P、直线 BC 和 EF 的交点为 Q、直线 CD 和 FA 的交点为 R，那么

P、Q、R 在同一条直线上。

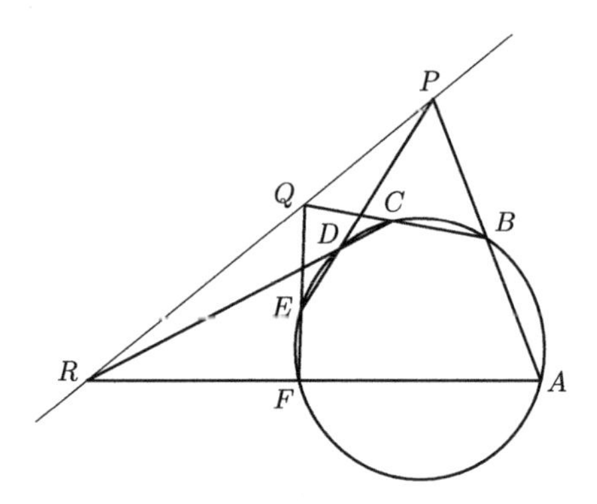

证明　如下图所示，画出一个经过三点 C、Q、F 的圆，这个圆和直线 AF 相交于点 K，和直线 CD 相交于点 L，画出 $\triangle KLQ$。连接 $\triangle ADP$ 和 $\triangle KLQ$ 顶点的直线 DL 和 AK 其交点为 R，所以根据定理 7.3，为证明三点 P、Q、R 在同一条直线上，只需证明

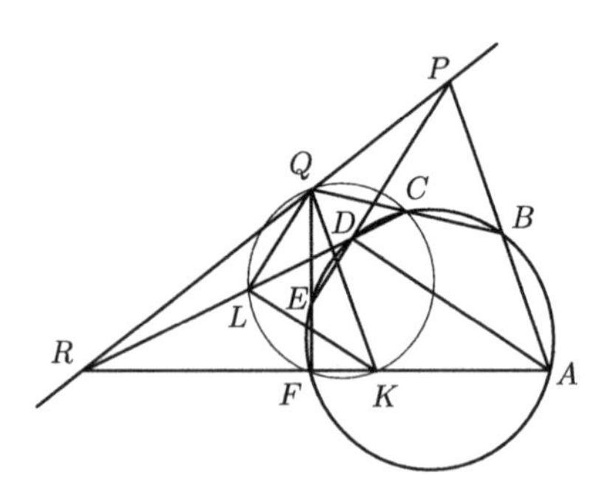

$$AD \parallel KL，DP \parallel LQ，PA \parallel QK$$

即可。

右图是上页图的一部分。在这个图中，根据圆周角大小不变定理可知

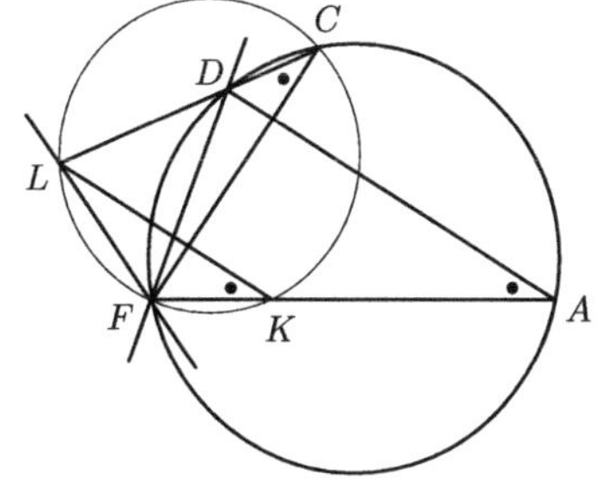

$$\angle FAD = \angle FCD$$

$$\angle FKL = \angle FCL$$

但是 $\angle FCD$ 和 $\angle FCL$ 为同一个角。因此

$$\angle FAD = \angle FKL$$

所以

$$AD \parallel KL$$

接着，在右图中，因为内接于圆的四边形 $FEDC$ 的外角等于其内对角（定理 5.6 的推论），所以

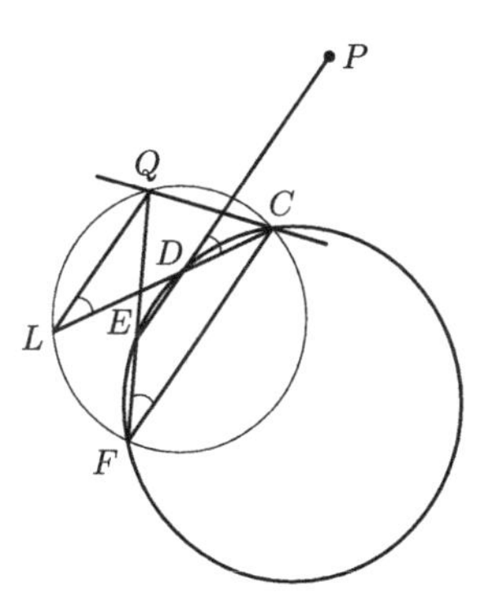

$$\angle CDP = \angle CFE$$

根据圆周角大小不变定理可知

$$\angle CLQ = \angle CFQ$$

所以

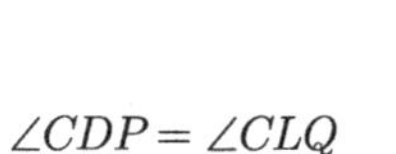

$$\angle CDP = \angle CLQ$$

所以

$$DP \parallel LQ$$

另外，在右图中，因为四边形 $ABCF$ 内接于圆，所以

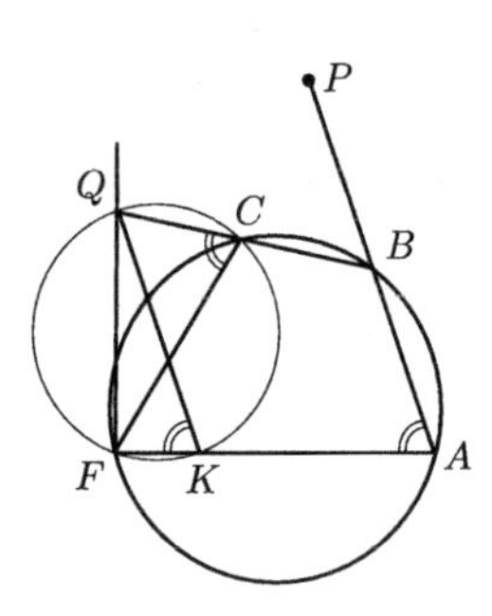

$$\angle PAF = \angle QCF$$

根据圆周角大小不变定理可知

$$\angle QCF = \angle QKF$$

因此

$$\angle PAF = \angle QKF$$

所以

$$PA \parallel QK \qquad \text{（证毕）}$$

费尔巴哈定理 如下图所示，两个圆的位置关系有三种情况：相交于两点；相交于一点；完全不相交。相交于一点的意思是公共点有且只有一个。

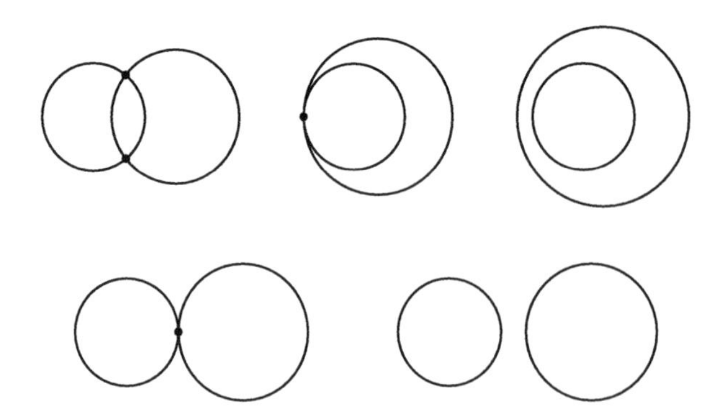

当两个圆 γ 和 γ' 的公共点有且只有一个之时，叫作 γ 和 γ' 相切或者 γ' 相切于 γ，这个公共点叫作 γ 和 γ' 的**切点**。另外，此时也叫作 γ' 在点 T 处相切于 γ。切点 T 在连接 γ 的圆心 O 和 γ' 的圆心 O' 的直线 OO' 上。如果 T 在直线 OO' 外，则 γ 和 γ' 相交于点 T 和点 S。

如右图所示，画出一条经过 T 垂直于直线 OO' 的直线，定义这条直线上的点 S，并且直线 OO' 平分线段 TS。这样一来，线段 TS 垂直平分线上的点 O 和 O' 分别到 S 和 T 的距离相等（定理 3.7）。即 $SO = TO$，$SO' = TO'$。因此 γ 和 γ' 都经过 S。即 γ 和 γ' 相交于点 T 和点 S。

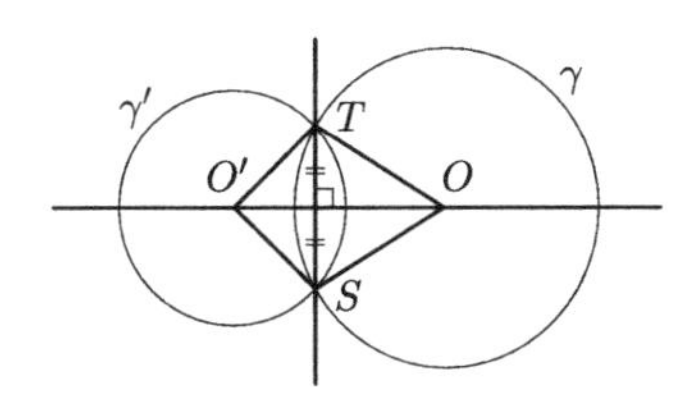

这样的话，γ 和 γ' 的切点 T 在直线 OO' 上。这时，切点 T 与点 O 和点 O' 的位置关系有三种：T 在 O 和 O' 的中间；O 在 T 和 O' 的中间；O' 在 T 和 O 的中间。

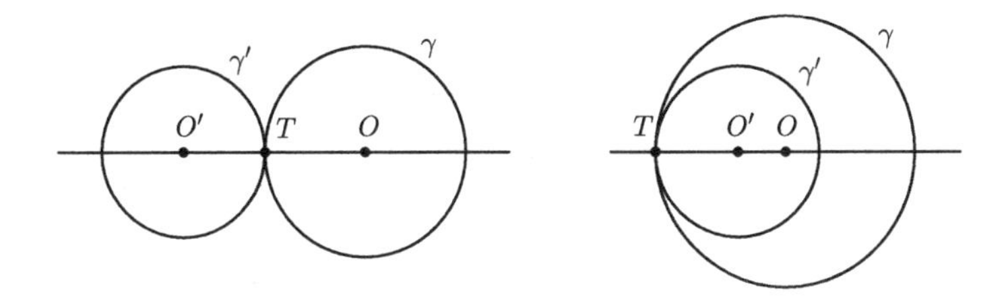

当 T 位于 O 和 O' 的中间之时，叫作两个圆 γ 和 γ' **外切**，其他情况下叫作 γ 和 γ' **内切**。

考虑一下 γ 和 γ' 内切之时的情况。当 O' 在 T 和 O 的中间，γ 的半径为 r，γ' 的半径为 r'，$TO=r$，$TO'=r'$，从上页图的右图可知

$$OO'=r-r'$$

反过来说，以 O 为圆心、半径为 r 的圆 γ，以 O' 为圆心、半径为 r' 的圆 γ'，如果

$$OO'=r-r'$$

那么 γ 和 γ' 内切。如果在直线 OO' 上把点 T 定义为 O' 在 T 和 O 之间、$TO'=r'$，如下所述，我们很容易确定 T 是 γ 和 γ' 上唯一一个公共点。

首先，因为 $TO'=r'$，所以

$$TO=TO'+OO'=r'+(r-r')=r$$

所以 T 在 γ' 上，同时也在 γ 上。即 T 是 γ 和 γ' 的公共点。接着，如果 P 是不同于 γ' 上的 T 的任意一点的话，根据公理Ⅲ（第 25 页）得出，在 $\triangle O'PO$ 上，

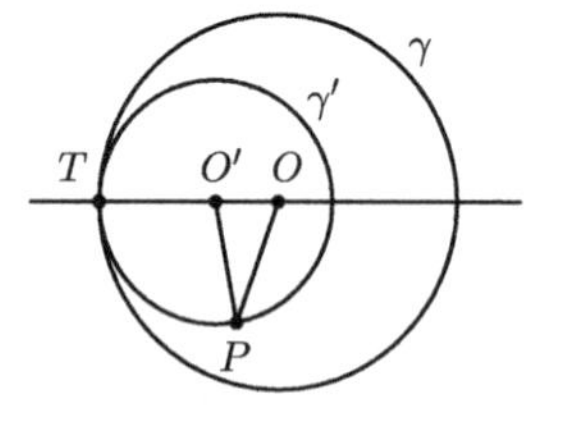

$$PO<PO'+OO'=r'+(r-r')=r$$

所以 P 在圆 γ 的内部。因此 T 是 γ 和 γ' 上唯一一个公共点。

定理 7.5（费尔巴哈定理） 三角形的内切圆与其九点圆相切。

这个定理是平面几何中较难证明的定理之一，有很多种不同的证明方法。泽山勇三郎因个人在东京物理学校杂志上发表了 22 种证明方法受世人瞩目[①]。下面讲述的证明是稍微修正后的泽山先生第 21 种证明方法[②]。

证明 $\triangle ABC$ 边 BC、CA、AB 的中点分别为 M_1、M_2、M_3，经过顶点 A、B、C 分别作其对边的垂线，垂足为 H_1、H_2、H_3。$\triangle ABC$ 的九点圆用 γ 表示，那么 γ 通过六个点 M_1、M_2、M_3、H_1、H_2、H_3（第 94 页）。如下图所示，$\triangle ABC$ 的内切圆内切于九点圆 γ，这就是费尔巴哈定理。

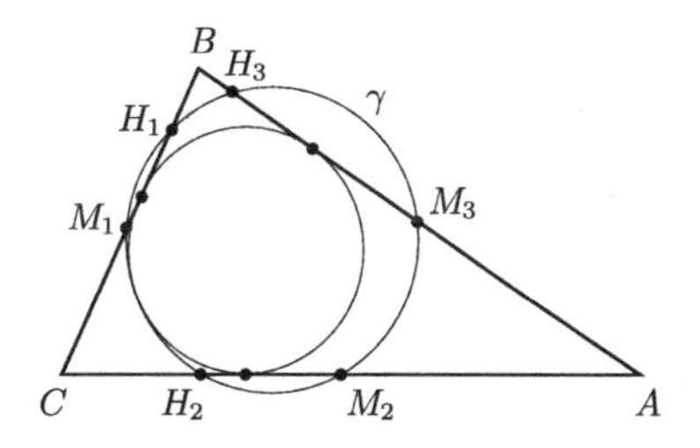

$\triangle ABC$ 是等腰三角形，比如说，当 $AB = AC$ 时，很明显内切圆和九点圆在边 BC 的中点 M_1 处相切，假定

① 《泽山勇三郎全集》，岩波书店（1938）。

② 岩田至康编：《几何学大词典 I 》，槙书店（1971），272–277，于此记载了费尔巴哈定理的 11 种证明。其中的证明 7 是泽山先生的第 21 种证明。

$$\angle B > \angle A,\ \angle C > \angle A,\ \angle B \neq \angle C$$

因此 $\angle A$ 是锐角。

正如下图所示，$\triangle ABC$ 的内心为 I，线段 AI 的中点为 M，γ 的圆周角 $\angle M_3H_2M_2$ 所对的弧 $\widehat{M_3M_2}$ 的中点为 P，直线 MP 与 γ 的交点为 T，此时求证内切圆在 T 处内切于九点圆 γ。

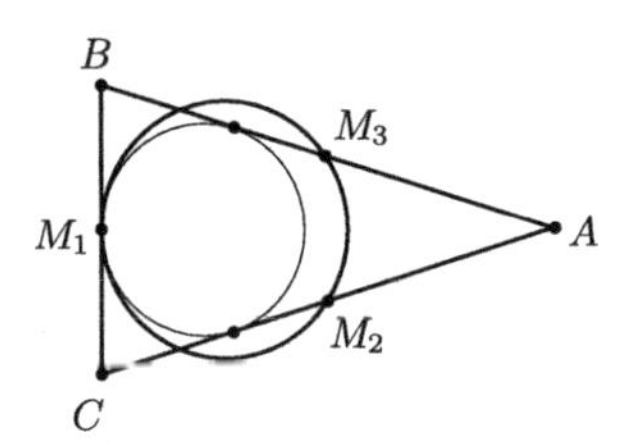

1°) 首先，从圆心 I 作边 AC 的垂线，垂足为 D，证明四个点 T、D、M_2、M 在同一个圆上。

用 $\triangle ABC$ 的内角 $\angle A$ 表示 $\angle PTM_2$。根据圆周角大小不变定理可知

(1) $$\angle PTM_2 = \angle PH_2M_2$$

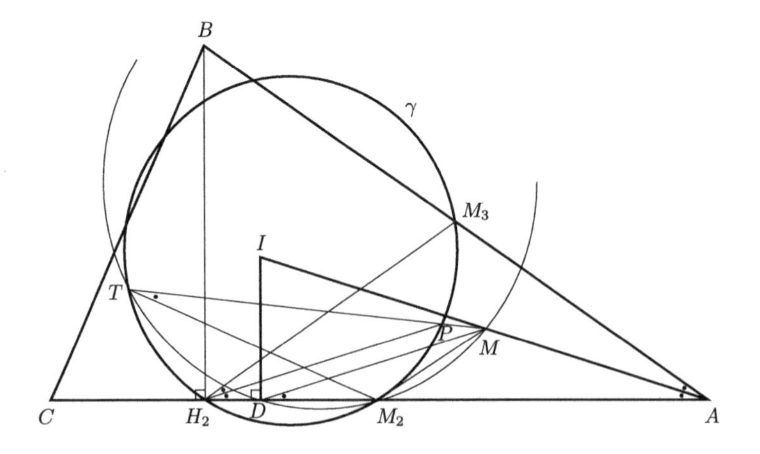

因为 P 是弧 $\overset{\frown}{M_3M_2}$ 的中点，所以射线 H_2P 是 $\angle M_3H_2M_2$ 的角平分线。因此

$$(2)\qquad \angle PH_2M_2=\frac{1}{2}\angle M_3H_2M_2$$

因为直角三角形的斜边是其外接圆的直径(定理 5.4 的推论)，斜边的中点到三个顶点的距离相等。因为 $\triangle ABH_2$ 是直角三角形，M_3 是斜边 AB 的中点，所以

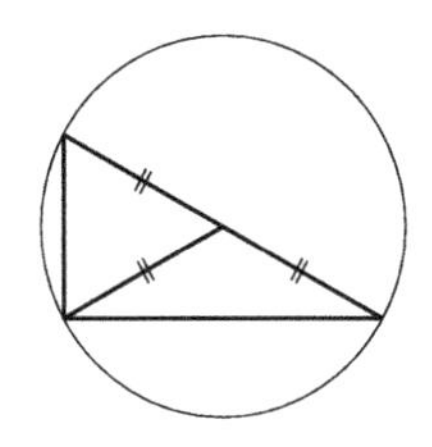

$$M_3H_2=M_3A$$

即 $\triangle M_3H_2A$ 是等腰三角形。所以

$$(3)\qquad \angle M_3H_2A=\angle A$$

根据等式(1)和(2)可知

$$(4)\qquad \angle PTM_2=\frac{1}{2}\angle A$$

因为 $\triangle AID$ 是直角三角形，M 是斜边 AI 的中点，所以 $\triangle MDA$ 是等腰三角形，又因为 I 是 $\triangle ABC$ 的内心，所以射线 AI 是 $\angle A$ 的角平分线。因此

$$\angle MDA=\angle MAD=\frac{1}{2}\angle A。$$

因为 $\angle MTM_2$ 和 $\angle PTM_2$ 是同一个角，$\angle MDM_2$ 和 $\angle MDA$ 是

同一个角，根据这个等式和(4)可知

$$\angle MTM_2 = \angle MDM_2$$

因此，四个点 T、D、M_2、M 在同一个圆上。

2°) 当圆周角 $\angle H_2TM_2$ 所对的 γ 的弧 $\widehat{H_2M_2}$ 的中点为 Q 时，证明射线 TD 通过 Q。

根据圆周角大小不变定理可知

(5) $$\angle H_2TM_2 = \angle H_2M_3M_2$$

读图可知

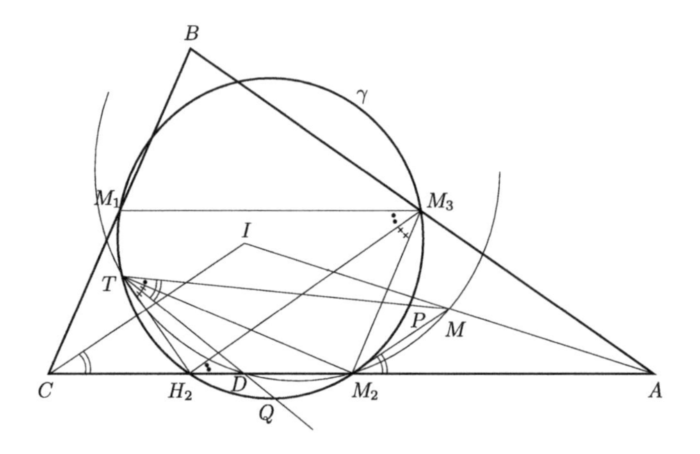

(6) $$\angle H_2M_3M_2 = \angle M_1M_3M_2 - \angle M_1M_3H_2$$

因为 M_1 和 M_3 分别是 $\triangle ABC$ 边 BC 和边 BA 的中点，所以 $M_1M_3 \parallel CA$ (定理 4.11 的推论)。所以

$$\angle M_1M_3H_2 = \angle M_3H_2A$$

根据 (3) 可知

$$\angle M_1M_3H_2 = \angle A$$

又因为 $M_3M_2 \parallel BC$，所以四边形 $M_1M_3M_2C$ 是平行四边形，因此

$$\angle M_1M_3M_2 = \angle C$$

根据 (5) 和 (6) 可知

$$(7) \qquad \angle H_2TM_2 = \angle C - \angle A$$

$\angle H_2TM_2$ 的角平分线经过弧 $\widehat{H_2M_2}$ 的中点 Q (定理 6.9)。因此应该证明的是 $\angle DTM_2$ 等于 $\angle H_2TM_2$ 的一半。由上页图即可知

$$(8) \qquad \angle DTM_2 = \angle DTM - \angle PTM_2$$

根据 1°) 可知，四边形 TDM_2 内接于圆。因为内接于圆的四边形的外角等于其内角 (定理 5.6 的推论)，所以

$$\angle DTM = \angle MM_2A$$

因为 M 和 M_2 分别是 $\triangle AIC$ 边 AI 和边 AC 的中点，所以 $MM_2 \parallel IC$，又，CI 是 $\angle C$ 的角平分线。因此

$$\angle MM_2A = \angle ICA = \frac{1}{2}\angle C$$

所以

$$\angle DTM = \frac{1}{2}\angle C$$

另一方面，根据 (4) 可知，$\angle PTM_2 = \frac{1}{2}\angle A$。因此根据 (8) 可知

$$\angle DTM_2 = \frac{1}{2}\angle C - \frac{1}{2}\angle A$$

比较这个等式和 (7) 的话，可知

$$\angle DTM_2 = \frac{1}{2}\angle H_2TM_2$$

故而，射线 TD 经过弧 $\widehat{H_2M_2}$ 的中点 Q。

3°) 当九点圆 γ 的圆心为 N 时，证明三个点 N、I、T 在同一条直线上。

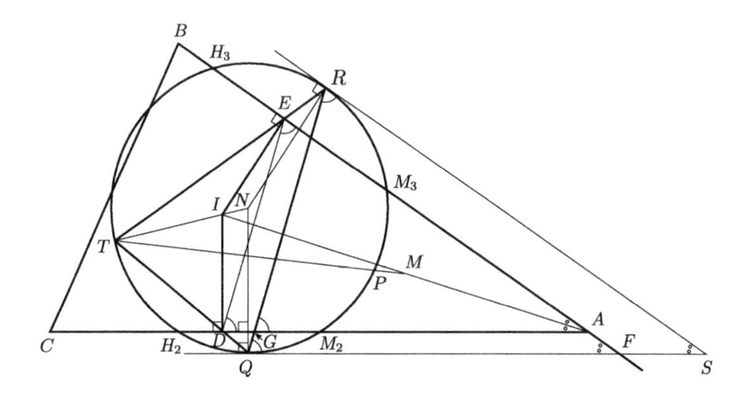

在上图中，M 是线段 AI 的中点，P 是弧 $\widehat{M_3M_2}$ 的中点，T 是直线 MP 和圆 γ 的交点，经过 I 点作边 AC 的垂线其垂足为 D，Q 是弧 $\widehat{H_2M_2}$ 的中点，经过 I 点作边 AB 的垂线其垂足为 E，R 是弧 $\widehat{H_3M_3}$ 的中点。根据 1°) 和 2°) 可知，射线 TD 经过 Q。同样，射线 TE 经过 R。在 $\triangle QRN$ 和 $\triangle DEI$ 中，直线 QD 和直线 RE 的交

点为 T。所以，根据定理 7.3 可知，为了证明三个点 T、N、I 在同一条直线上，只需证明

$$QR \parallel DE、NQ \parallel ID、NR \parallel IE \tag{9}$$

即可。

圆 γ 的弦 H_2M_2 的垂直平分线经过 N 和 Q。即 $\triangle QRN$ 的边 NQ 垂直于边 AC。因为 $\triangle DEI$ 的边 ID 也垂直于边 AC，所以 $NQ \parallel ID$，同样，$NR \parallel IE$。

经过点 Q 和点 R 作圆 γ 的切线，切线的交点为 S。切线 SQ 垂直于圆 γ 的半径 NQ，并且平行于边 AC。如果边 AB 的延长线和切线 SQ 的交点为 F，那么

$$\angle S = \angle AFQ = \angle A$$

所以

$$\angle S = \angle A \tag{10}$$

$\triangle ADE$ 是等腰三角形。因为 $ID = IE$，$\angle IDA = \angle IEA = \angle R$，根据斜边直角边定理 HL 可知

$$\triangle AID \equiv \triangle AIE$$

所以

$$AD = AE$$

在等腰三角形 $\triangle ADE$ 中

$$\angle D = \angle E，\angle A + \angle D + \angle E = 2\angle R$$

所以

$$\angle ADE = \angle D = \angle R - \frac{1}{2}\angle A$$

同样，因为 $\triangle SQR$ 是等腰三角形，所以

$$\angle SQR = \angle R - \frac{1}{2}\angle S$$

因此根据（10）可知

$$\angle SQR = \angle ADE$$

边 AC 和 $\triangle SQR$ 边 QR 的交点为 G，$AC \parallel SQ$，所以

$$\angle AGR = \angle SQR$$

因此

$$\angle AGR = \angle ADE$$

因此边 QR 和边 DE 平行。

这样一来，在 $\triangle QRN$ 和 $\triangle DEI$ 中，$QR \parallel DE$，$NQ \parallel ID$，$NR \parallel IE$，所以根据定理 7.3 可知，三个点 T、N、I 在同一条直线上。

4°) 证明 $\triangle ABC$ 的内切圆在 T 点内切于九点圆 γ。

在下页图中，I 是内切圆的圆心，D 是内切圆和边 AC 的切点，N 是九点圆 γ 的圆心，Q 是从 N 作边 AC 的垂线与圆 γ 的交点，T 是直线 QD 和圆 γ 的交点，根据 3°) 可知，三个点 T、N、I 在同一条直线上。

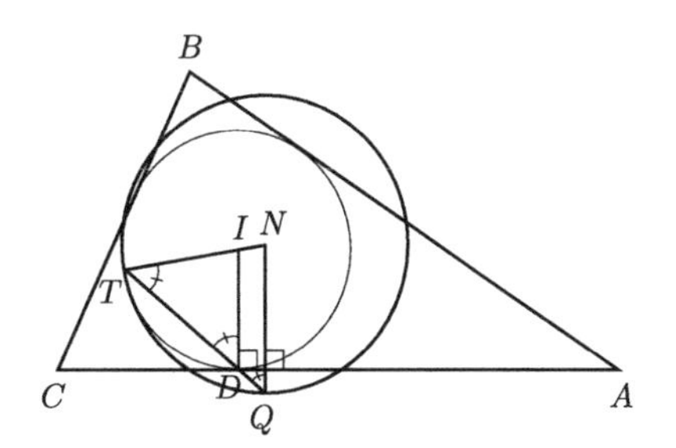

九点圆 γ 的半径为 r，内切圆的半径为 r'。因为 $NQ = NT = r$，即 $\triangle NQT$ 是等腰三角形，所以

$$\angle NQT = \angle NTQ$$

因为 $NQ \parallel ID$，所以

$$\angle IDT = \angle NQT$$

因此

$$\angle IDT = \angle ITD$$

所以 $\triangle IDT$ 是等腰三角形

$$IT = ID = r'$$

因此 T 在内切圆上。又

$$NI = NT - IT = r - r'$$

故内切圆在 T 处内切于九点圆 γ（证毕）。

第二章
数学中的平面几何

平面几何中最为重要的文献是欧几里得的《几何原本》[①]和希尔伯特的《几何学基础》[②]。

《几何原本》是公元前300年左右由希腊数学家欧几里得总结当时数学成果，创作出的运用公理系统进行论证的数学体系著作。《几何原本》讲述了平面几何、数论和立体几何的相关内容，其中平面几何公理系统的内容很巧妙，在问世两千多年后仍然被奉为经典。

但是，进入19世纪以后，随着数学批判精神的发展，研究者发现《几何原本》中平面几何公理系统的理论存在着很多问题。

在19世纪末1899年出版的《几何学基础》中，希尔伯特给出了逻辑性强且完成度高的平面（以及立体）几何公理系统。

旧制中学的平面几何属于欧几里得《几何原本》流派（欧几里得几何）[③]。在本章中，我将从现代数学的角度探讨严密的希尔伯特平面几何和欧几里得平面几何的不同之处。本章内容由此开始。

首先，我将完全引用《几何原本》开篇的数页内容来一探此书。

---

① 《几何原本》，欧几里得著，中村幸四郎、寺阪英孝、伊东俊太郎、池田内惠译/解说，共立出版（1971）。

② 希尔伯特：《几何学基础》，现代数学系谱7，寺阪英孝、大西正男译，共立出版（1970）。

③ 关于至今为止平面几何的庞大成果，参照岩田至康编：《几何学大辞典》，槙书店（1971—1988）。几何学大辞典共7卷，有3900页之多，平面几何占一半以上。

第 I 卷

定 义

1. 点是没有部分的。

2. 线有长度没有宽度。

3. 线的两端是点。

4. 直线是它上面的点一样地横放着的线。

5. 面有长度和宽度。

6. 面的边缘是线。

7. 平面是它上面的直线一样地横放着的面。

8. 平面角是在同一平面内相交且不在同一条直线上的两条线相互倾斜的角度。

9. 当包含角的两条线都是直线之时，这个角叫作直线角。

10. 当一条直线立于另一条直线之上，相交而成的邻角彼此相等之时，相等的角的双方都是直角，把立着的直线叫作下面一条直线的垂线。

11. 钝角是比直角大的角。

12. 锐角是比直角小的角。

13. 边界是物体的边缘。

14. 图形是由一个或者两个以上的边界所围成的。

15. 圆是由一条线围成的平面图形，这个图形内部有一点与这条线上所有的点连接成的线段都相等。

16. 这个点叫作圆的圆心。

17. 圆的直径是一条经过圆的圆心、在两个方向被圆周截取的任意线段。另外，直径平分圆。

18. 半圆是由直径和由直径所截取的弧包围成的图形。半圆的圆心和圆的圆心相同。

19. 直线图形是由线段围成的图形，三边形是由三条线段围成的，四边形是由四条线段围成的，多边形是由四条以上的线段围成的。

20. 在三边形中，等边三角形有三条相等的边，等腰三角形只有两条相等的边，不等边三角形有三条不相等的边。

21. 此外，在三边形中，直角三角形有一个角是直角，钝角三角形有一个角是钝角，锐角三角形有三个角是锐角。

22. 在四边形中，正方形的四边相等且角都为直角，矩形的角都为直角但边不相等，菱形的四边相等但角不是直角，斜方形对边和对角相等但边不相等且角不是直角。

23. 平行线是在同一平面内的直线，向两个方向无限延长，不论在哪个方向都不相交。

公设（假定）

1. 由任意一点向另外任意一点可以画直线。

2. 一条有限直线可以继续延长。

3. 凭借任意一点以及任意距离（半径）可以画圆。

4. 所有的直角都彼此相等。

5. 一条直线和另外两条直线相交，如果同侧的内角之和比两直角小的话，那么这两条直线无限延长后在比这两直角小的角的同一侧相交。

公理（共通概念）

1. 与同样物体相等之物彼此也相等。

2. 若相等之物与相等的物体相加，其和仍相等。

3. 若相等之物与相等的物体相减，其差仍相等。

4. 若相等之物与不相等的物体相加，其和不相等。

5. 相等之物的 2 倍，彼此相等。

6. 相等之物的一半，彼此相等。

7. 相互重合之物仍相等。

8. 整体比部分大。

9. 两线段没有面积。

1

在一个已知有限直线（线段）上画出一个等边三角形。

已知线段为 AB。

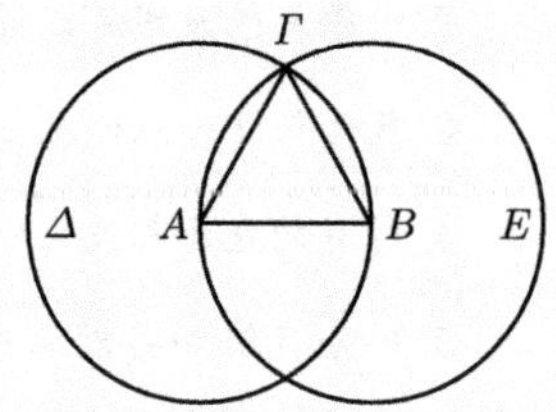

这时，在线段 AB 上画出一个等边三角形。

以 A 为圆心，以 AB 为半径画出一个圆 $B\Gamma\Delta$，另外，以 B 为圆心，以 BA 为半径画出一个圆 $A\Gamma E$，然后，两圆交于点 Γ，分别连接 Γ 和 A、B 成 ΓA、ΓB。

那样一来，因为点 A 是圆 $\Gamma\Delta B$ 的中心，所以 $A\Gamma$ 等于 AB。另外，因为点 B 是圆 ΓAE 的中心，所以 $B\Gamma$ 等于 BA。刚才也证明过 $A\Gamma$ 等于 AB。因此 ΓA、ΓB 都等于 AB。而且，与同样物体相等之物彼此也相等。所以 ΓA 也等于 ΓB。因此三个线段 ΓA、AB、$B\Gamma$ 彼此相等。

所以三角形 $AB\Gamma$ 是等边三角形。而且，在已知的线段 AB 上画出了这个图形。这是应该画出的内容。

与开篇引用挂谷老师编写的教科书内容相比，我们就能够清楚地知道旧制中学的平面几何属于《几何原本》流派，即欧几里得几何。比如说，挂谷老师定义圆为“圆即一个定点到某个边界上任何一点的距离都相等的平面部分”，这个定义与《几何原本》中的定义15相同。《几何原本》的公设像是讲述更为一般的原理。关于公设5的内容之后再详细叙述。

接下来，引用希尔伯特的《几何学基础》开篇的数页内容（除去立体几何部分的内容）。

这样一来，人类所有的认知都始于直观，近于概念，终于理念。

康德《纯粹理性批判》

原理论第2部，第2章

序

几何学和数论一样，其逻辑的构成只需要少数简单的基本命题。把这个基本命题叫作几何学公理。设定几何学的公理，研究其相互关系，这是自欧几里得以来在数学文献领域为数众多的优秀论文中被详尽论述的问题。这个问题仅仅是逻辑性地解析了我们空间性的直观。

以下的研究将做一个全新的尝试：针对几何学设立完整且尽可能简单的公理组，从这之中引导出最为重要的几何学诸定理，与此同时，我将明确各个公理的意义以及从各个公理中推导出的结论界限。

第 1 章

五组公理

§1. 几何学要素和五组公理

【定义】 我们来设想三种不同的对象。属于第一组的对象叫作**点**，用 A, B, C…… 来表示。属于第二组的对象叫作**直线**，用 a, b, c…… 来表示。属于第三组……。另外，把点叫作**直线几何学元素**，把点和直线叫作**平面几何学元素**……

我们来设想点和直线的相互关系。它们之间的关系用"在……之上""之间""相等""平行""连续"等词来表示。这些关系正确且完整的表述来自《几何学公理》。

几何学公理可以分成五组。这些公理表达了某种直观上相互关联的基本事实。

这些公理名称如下：

Ⅰ. 1—8 关联公理

Ⅱ. 1—4 顺序公理

Ⅲ. 1—5 全等公理

Ⅳ. 平行线公理

Ⅴ. 1—2 连续公理

§2 第一组公理：关联公理

本组公理讲的是前面提到的点和直线之间建立的关联关系，具体表述如下：

I_1. 对于两点 A 和 B，一定有一条直线 a 关联着 A 和 B 这两点中的每个点。

I_2. 对于两点 A 和 B，最多只有一条直线关联着 A 和 B 这两点中的每个点。

在这里所提到的两点、三点或者直线和之后提到的都是指“不同的”的点或者直线。

有时不使用“关联”一词而使用其他的说法。例如，“a 通过 A 和 B”“a 连接 A 和 B，或者把 A 连接到 B 上”“A 在 a 上”、“A 是 a 的点”“a 上含有点 A”等。如果 A 在直线 a 上，也在另一条直线 b 上，那么可以这样说：“直线 a 和 b 相交于 A”“A 是 a 和 b 的公共点”等。

I_3. 一条直线上恒常至少有两点。至少有三点不在同一条直线上。

在从公理 $\mathrm{I}_{1\text{-}3}$ 里推导出来的定理中，我们只列举下面一条：

【定理 1】 平面上的两条直线只有一个交点，或者没有交点。

§3. 第二组公理：顺序公理

这个公理群定义了“在……之间”的概念，依据这个概念直线上的点以及平面上的点才有顺序可言。

【定义】 一条直线上的点有一定的相互关系。为了叙述这个关系，我们特别使用了“在……之间”这个词。

II_1. 如果点 B 在点 A 和点 C 之间的话，A、B、C 是一条直线上不同的三点，这时，B 也在 C 和 A 之间。

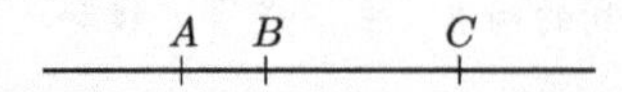

II_2. 对于两点 A 和 C，在直线 AC 上恒常至少有一点 B，C 在 A 和 B 之间。

II_3. 在一条直线上的任意三点中，最多有一点在其他两点之间。

除了这些“直线顺序公理”，还需要使用“平面顺序公理”。

【定义】 我们来考虑一条直线 a 上的两点 A 和 B。把这两点 A 和 B 组成的一组点组叫作**线段**，用 AB 或者 BA 来表示。把 A 和 B 之间的点叫作线段 AB 的点，或者是在线段 AB 内部的点；点 A、B 叫作线段 AB 的端点。直线 a 上的其他所有点叫作线段 AB 外部的点。

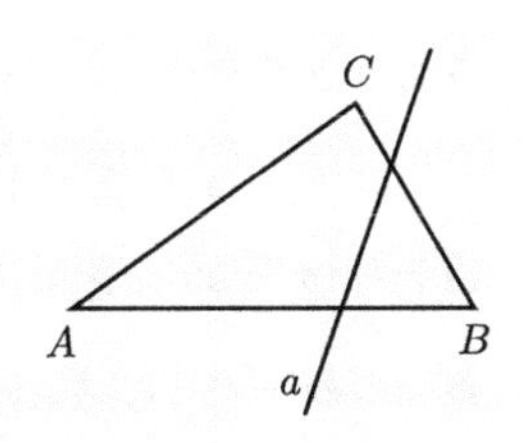

II_4. A、B、C 是不在同一条直线上的三个点，a 是不通过 A、B、C 中任何一点的直线：此时，如果 a 通过线段 AB 的一点，那么 a 必定也通过线段 AC 的一点或者线段 BC 的一点。

如果直观来讲，这条公理就是说：如果一条直线伸入到三角形的内部，那么它也延伸到三角形之外。直线 a 不同时和线段 AC、BC 相交，这是能够证明的。

§4. 关联公理和顺序公理的推论

从公理Ⅰ和公理Ⅱ可以推导出以下定理：

【定理 2】 对于两点 A 和 C，至少有一点 D 在直线 AC 上且处于 A 和 C 之间。

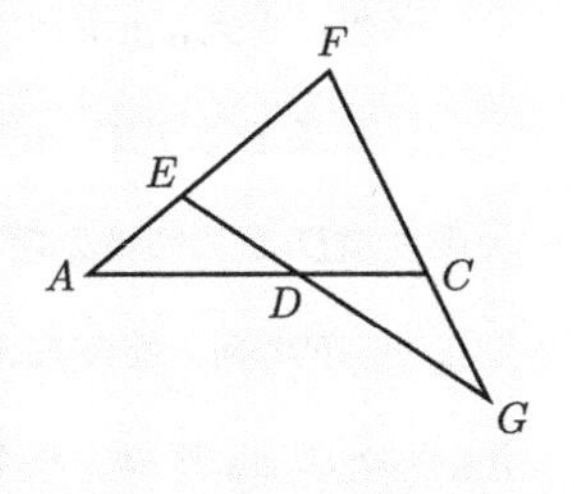

证明：根据公理 I_3 可知，直线 AC 外存在一点 E，根据公理 II_2 可知，AE 上存在一点 F 使得 E 在线段 AF 内。根据公理 II_2 和公理 II_3 可知，点 G 在直线 FG 上但在线段 FC 之外。因此根据公理 II_4 可知，直线 EG 和线段 AC 相交于点 D。

【定理 3】 在直线上任意三点 A、B、C 中，其中必定有一点存在在其他两点之间。

证明：A 不在 B 和 C 之间，同样 C 不在 A 和 B 之间。连接 B 和直线 AC 外一点 D，根据公理 II_2，在直线上选择一点 G 使得 D 在 B 和 G 之间：如果三角形 BCG 和直线 AD 应用公理 II_4，直线 AD 和 CG 相交于位于 C 和 G 之间的点 E；同样，直线 CD 和 AG 相交于位于 A 和 G 之间的点 F。把公理 II_4 应用到三角形 AEG 和直线 CF 中，可知 D 在 A 和 E 之间；把公理 II_4 应用到三角形 AEC 和直线 BG 中，可知 B 在 A 和 C 之间。

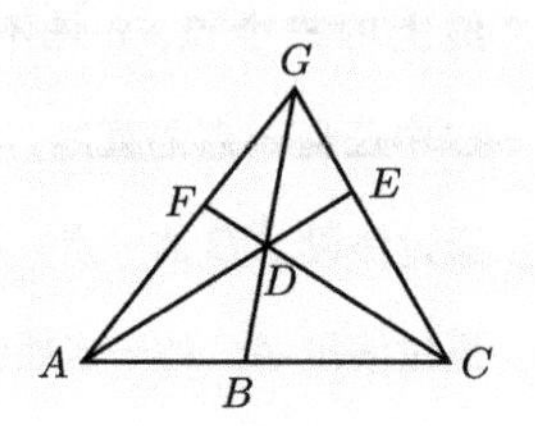

【定理 4】 已知直线上任意四点，用 A、B、C、D 标记，B 点在 A 和 C 之间的同时也在 A 和 D 之间，而且 C 点在 A 和 D 之间的同时也在 B 和 D 之间。

证明：直线 g 上有四个点 A、B、C、D。首先证明以下内容：

1. 如果 B 在线段 AC 上，且 C 在线段 BD 上，那么 B、C 在线段 AD 上。根据公理 II_3 和公理 II_2，取不在 g 上的 E 和 F，E 在 C、F 之间。重复应用公理 II_3 和公理 II_4 可知，线段 AE 和 BF 相交于点 G，且线段 CF 和 GD 相交于点 H。因此 H 在线段 GD 上，而且根据公理

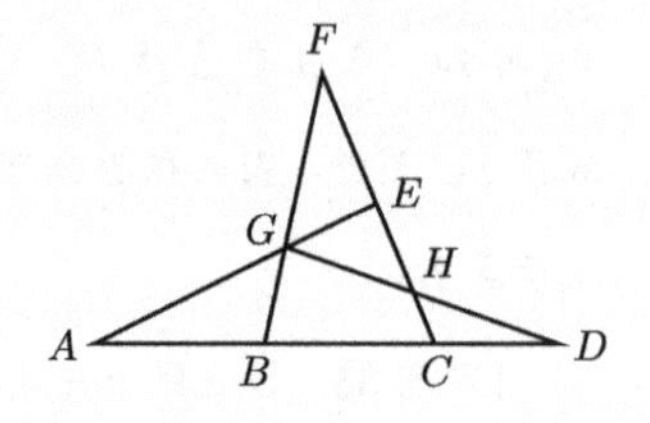

Ⅱ$_3$，因为 E 不在线段 AG 上，所以根据公理Ⅱ$_4$ 可知直线 EH 和线段 AD 相交，即 C 在线段 AD 上。同样，能对称地证明 B 在在线段 AD 内。

2. 如果 B 在线段 AC 上，并且 C 在线段 AD 上，那么 C 在线段 BD 上，且 B 在 AD 上。取 g 外的一点 G 和一点 F，G 在线段 BF 上。根据公理Ⅱ$_2$ 和公理Ⅱ$_3$，直线 CF 不和线段 AB、线段 BG 相交，所以根据公理Ⅱ$_4$ 可知，也不和线段 AG 相交。但是，因为 C 在线段 AD 上，所以直线 CF 和线段 GD 在点 H 相交。但是，再次根据公理Ⅱ$_3$ 和公理Ⅱ$_4$，直线 FH 和线段 BD 相交。因此 C 在线段 BD 上。因此从论断 1. 可以推导出论断 2. 其余的部分。

现在定义一条直线上有任意的四点。从这四点中取出三点，根据定理 3 和公理Ⅱ$_3$，这三点中有一点在其他两点之间。用 Q 表示两点间的点，其他两点用 P 和 R 表示，用 S 表示已知四点的最后一点。再根据公理Ⅱ$_3$ 和定理 3，关于 S 的位置，有以下五种情况。

R 在 P 和 S 之间；

P 在 R 和 S 之间；

S 在 P 和 R 之间，且 Q 在 P 和 S 之间；

S 在 P 和 Q 之间；

P 在 Q 和 S 之间。

前四种可能性满足论断 2. 的假设，最后一种可能性满足论断 1. 的假设。因此定理 4 可以被证明。

【定理 5】(定理 4 的推广) 已知一条直线上的任意有限个点，记之为 A、B、C、D、E、……，B 在点 A 和 C、D、E、……、K 之间，还有 C 在 A、B 和 D、E、……、K 之间，接着 D 在 A、B、C 和 E、……、K 之间，等等，形成如下图所示的内容。除此之外，因为性质相同，所以也可以把这些符号颠倒记之为 K、……、E、D、C、B、A。

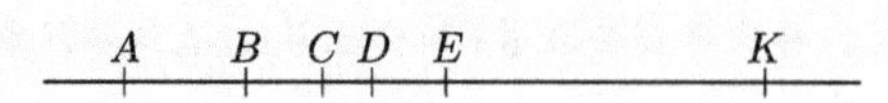

【定理 6】 一条直线上任意两点间恒常有无限个点。

【定理 7】 任何一条直线 a 可以把不在直线上的点分成具有以下性质的两个区域：存在直线 a 上的一点在一个区域中任意一点 A 和另外一个区域中任意一点 B 连接成的线段 AB 上；相反，不存在直线 a 上的一点在同一领域内的任意两点 A 和 A' 连接成的线段 AA' 上。

【定义】 点 A、A' 在**直线 a 的同侧**，而点 A、B 在**直线 a 的异侧**。

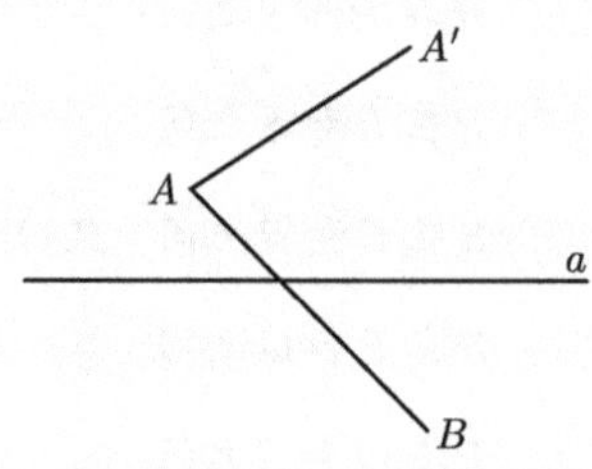

【定义】 已知 A、A'、O、B 是直线上的四个点，O 在 A 和 B 之间，但不在 A 和 A' 之间。这时，我们可以说点 A 和 A'

在直线 a 上点 O 的同侧，点 A、B 在**直线 a 上点 O 的异侧**。

把在 O 同侧的所有点叫作从 O 起始的**射线**；因此一条直线的每一点把这条直线分成两条射线。

由此可知，§1是从“点”和“直线”的[定义]开始讲起的。定义是解释词语意义的描述。这里的词语指的是在平面几何中使用的“点”“直线”“三角形”等词语，所以把词语称为**概念**。

三角形的定义是“把不在同一条直线上的三点两两连接成三个线段所组成的图形叫作三角形”。定义“三角形”需要使用“点”“直线”“线段”这些概念。一般定义某个概念时需要使用其他概念。定义其他概念需要另外的其他概念。这样一来，顺次不断对概念定义抽丝剥茧的话，最终会出现无法定义的原始概念。“点”和“直线”被认为是无法定义的原始概念

可能你们会说《几何原本》和《理解几何学》提到过点和直线的定义。《几何原本》中“点”的定义是“点是没有部分的”，但是，当被问到“部分”是什么时，这个问题很难回答。定义“部分”似乎比定义“点”更难。“直线是它上面的点一样地横放着的线”，这个定义更难，“一样横放着的线”是什么意思？这个问题让人摸不着头脑。

《理解几何学》中点的定义为“点有位置没有大小”，即便如此定义，我们也无法清楚地知道“大小”的含义。直线的定义为“把笔直的线叫作直线”，只是把“直线”换个说法说成“笔直的线”。这样一来，我们就知道了“点”“直线”这种原始概念即使被定义了实际上也没什么意义。

《几何学基础》中点的[定义]是“点用 A，B，C……来表示；**直线**用 a，b，c……来表示”，这句话完全没有解释出点为何物、直线为何物。这个[定义]没有解释“点”和“直线”的意义，而是告诉人们在不定义“点”以及“直线”的情况下就可以使用“点”和“直线”这些概念。

这种不用定义就可以直接使用的原始概念称为**不定义概念**。

§2 在公理组 Ⅰ：关联公理中讲到了三个公理。公理 I_1“存在通过两点的直线”和《几何原本》的公设 1 一样。公理 I_2 是“通过两点的直线最多只有一条”，这和公理 I_1 放在一起，就与第 Ⅰ 章的公理 Ⅱ“通过两点的直线有且只有一条”相同。但是，与第 Ⅰ 章不同，这里的“点”“直线”“通过”都是不定义概念。

直线 l 通过点 A 时，叫作点 A 在直线 l 上。“在……之上”是使用“通过”来定义的，不是不定义概念。另外，根据公理 I_1 和公理 I_2，通过点 A 和 B 的直线有且只有一条，所以用直线 AB 表示。

《几何原本》和《理解几何学》中没有接下来的 §3 公理组 Ⅱ

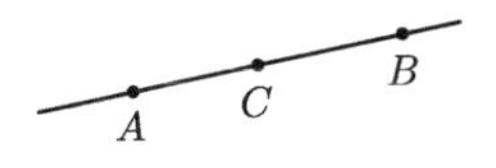

的顺序公理。最开始的［定义］中使用了“在……之间”这个不定义概念。公理Ⅱ$_1$、公理Ⅱ$_2$、公理Ⅱ$_3$是关于一条直线上点的顺序的公理，所以从最初就用A、B、C来表示一条直线上的三点。公理Ⅱ$_1$是“如果C在A和B之间，那么C在B和A之间”，公理Ⅱ$_2$是“对于A和C，恒常有一点B使得C在A和B之间”，公理Ⅱ$_3$是“如果C在A和B之间，那么A不在B和C之间，B也不在A和C之间”。

接着是线段的定义：［定义］把一条直线a上的两点A和B组成的一组点组叫作线段，用AB或者BA来表示。把直线a上A和B之间的点叫作线段AB的点或者线段BA内部的点，把A和B叫作线段AB的端点。

在旧制中学的平面几何中，线段AB是直线AB上点A和点B之间夹着的部分。把线段AB定义为两点A和B组成的一组“点组”，这可能会被认为有些奇怪。但是，在《几何学基础》中，“点”和“直线”分别独立开来的，“点”没有部分，同样“直线”也没有部分。“直线通过点，或者点在直线上”，二者存在这种关系，但是，解释“直线”是在直线上所有点的集合，这又是其他的意思了。所以把“线段”当作“直线”的一部分，那么将无法定义。因此，定义了“把两点A和B

组成的一组“点组”叫作线段 AB”，这个意思是“用两点 A 和 B 决定的线段 AB”。接着，又讲到“把直线 AB 上的 A 和 B 之间的点叫作线段 AB（内部）的点，把 A 和 B 叫作线段 AB 的端点”，这样一来我们就应该能够明白线段 AB 的意思了。

平面上的顺序公理 II_4 是关于不在同一条直线上的三个点 A、B、C 以及不通过 A、B、C 中任何一点的直线 l 的公理，这叫作帕施公理（Pasch axiom）。例如，把直线 l 通过线段 AB 的一点定义为 l 和线段 AB 相交，公理 II_4 也可以像下面这样来定义：

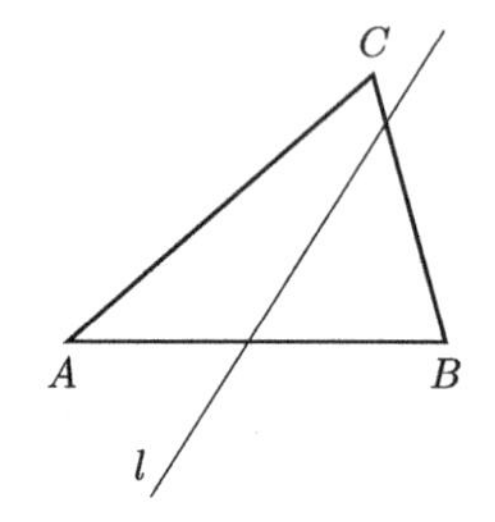

公理 II_4（帕施公理）A、B、C 三点不在同一条直线上，如果直线 l 不通过其中的任何一点且与线段 AB 相交，那么 l 一定与线段 AC 相交或者与线段 BC 相交。

这时需要注意的是，l 不同时与线段 AC 和线段 BC 相交。因此，公理 II_4 可以像下面这样表述：

公理 II'_4（帕施公理）A、B、C 三点不在同一条直线上，直线 l 不通过其中的任何一点，那么 l 不与线段 AB、AC、BC 中的任何一条相交，或者只与其中两条相交且不与第三条相交。

公理 II'_4 中假设 A、B、C 三点不在同一条直线上，但是可以不需要这个假定，即使 A、B、C 三点在同一条直线上，直线 l 仍然

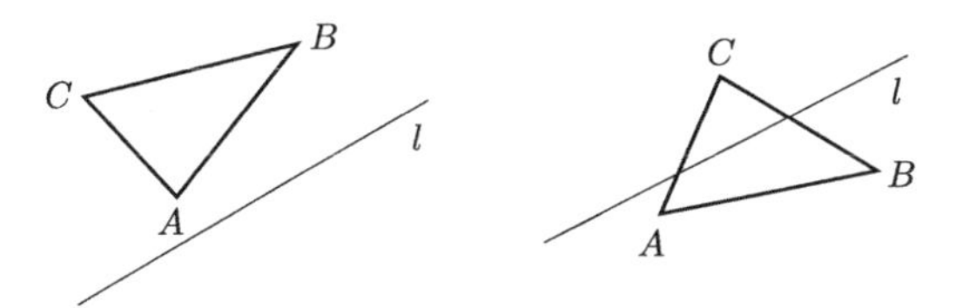

不通过其中的任何一点，也不和三条线段 AB、AC、BC 中的任何一条相交，或者只与其中两条相交且不与第三条相交。

这一点可以立刻从下面 §4 的［定理4］中推导出来，不过在这里也可以直接证明。很明显，如果考虑到 l 至少和三条线段 AB、AC、BC 中的任何一条相交，那么我们就能够明白 l 和线段 AB 相交。这时，应该证明的是 l 与线段 AC 或者线段 BC 相交且不与第三条相交。

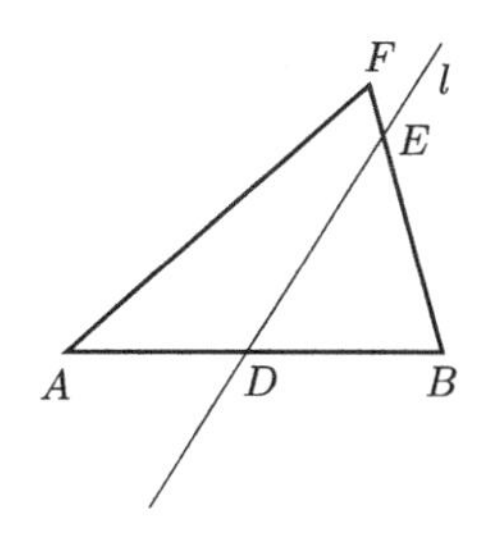

定义 l 和线段 AB 的交点为 D，l 上不同于 D 的点为 E，根据公理 II_2，定义直线 BE 上的点 F 使得 E 存在于 F 和 B 之间。F 是不在直线 AB 上的点。因为根据公理 II_2 可知，F 是不同于 B 的点，如果 F 在直线 AB 上，直线 FB 和直线 AB 重合，并且 E 在直线 AB 上，因此 l 和直线 AB 重合，这和 l 不通过 A、B、C 三点中的任何一点相矛盾。如此一来，因为 F、A、B 三点不在同一条直线上，所以根据公理 II'_4 可知，与线段 FB 以及线段 AB 相交的直线 l 不与线段 FA

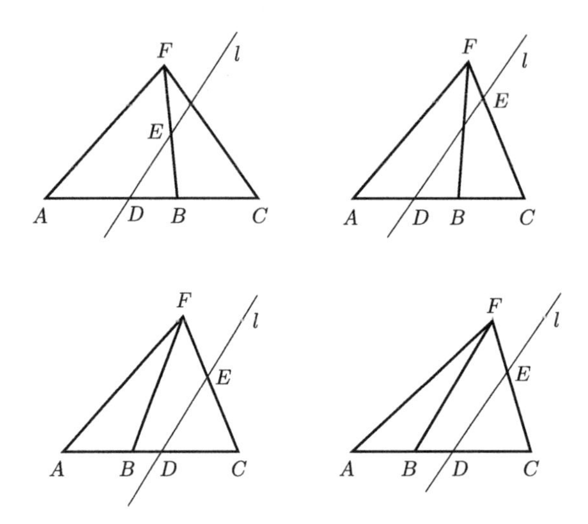

相交。因此，如果考虑到 F、A、C 三点也不在同一条直线上，那么根据公理 II'_4 可知，l 如果与线段 FC 相交，那么就与线段 AC 相交，如果不与线段 FC 相交，那么就不与线段 AC 相交。因为 l 与线段 FB 相交，所以如果考虑不在同一条直线上的三点 F、B、C 的话，根据公理 II'_4 可知将会出现两种情况：l 与线段 FC 相交且不与线段 BC 相交，或者与线段 BC 相交且不与线段 FC 相交。因此，l 与线段 AC 相交且不与线段 BC 相交，或者与线段 BC 相交且不与线段 AC 相交（证毕）。

这样一来我们就知道了，公理 II'_4 中可以不需要 A、B、C 三点不在同一条直线上这个假设。因此公理 II_4 可以这样表述：

公理 $\mathrm{II}_4{}^*$（帕施公理）。不通过 A、B、C 三点中任意一点的直

线 l 不与三个线段 AB、AC、BC 中的任何一条相交，或者与其中两条相交但不与第三条相交。

接下来的 §4 关联和顺序公理的推论讲述了从公理组Ⅰ和Ⅱ中推导出来的几个定理和证明。

［定理 2］ 对于两点 A 和 C，至少有一点 D 在直线 AC 上且处于 A 和 C 之间。

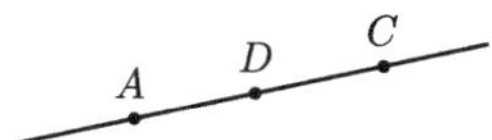

［定理 3］ 在直线上任意的三点 A、B、C 中，必定有一点，例如 B 存在其他两点 A 和 C 之间。

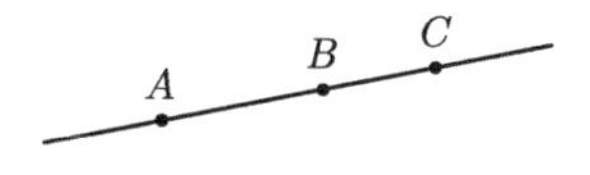

［定理 4］ 已知直线上任意四点，把这四点按顺序用 A、B、C、D 标记，B 点在 A 和 C 之间的同时也在 A 和 D 之间，而且 C 点在 A 和 D 之间的同时也在 B 和 D 之间。

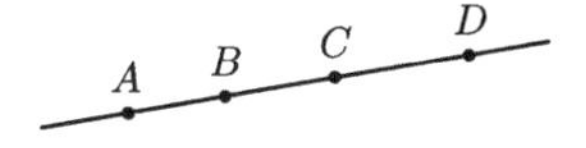

［定理 5］ 已知一条直线上的有限个点，把这些有限个点按顺序用 A、B、C、D、…、K、L、M 标记，B 在点 A 和 C、D、…、K、L、M 之间，C 在 A、B 和 D、…、K、L、M 之间，……，L 在 A、B、C、D、…、K 和 M 之间。

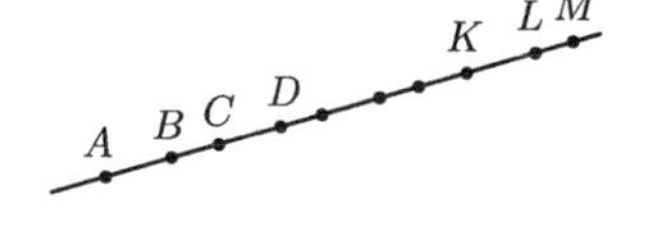

［定理 6］ 一条直线上任意两点间恒常有无限个点。

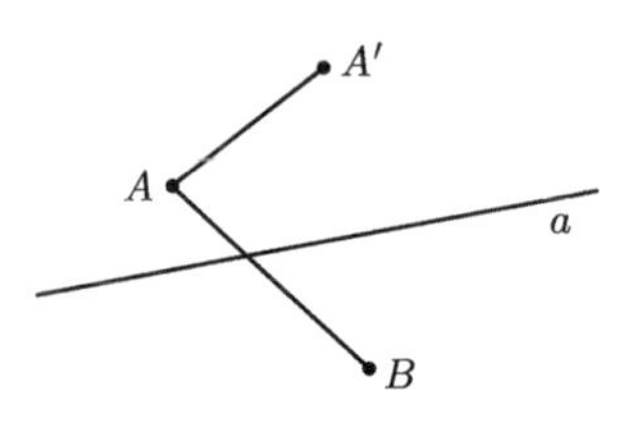

[定理 7] 任何一条直线 a 可以把不在直线上的点分成具有以下性质的两个区域：存在直线 a 上的一点，在一个区域中任意一点 A 和另外一个区域中任意一点 B 连接成的线段 AB 上；相反，不存在直线 a 上的一点，在同一领域内的任意两点 A 和 A' 连接成的线段 AA' 上。

[定理 2] 到 [定理 6] 是关于直线上点的顺序的定理，[定理 7] 是关于平面顺序的定理。[定理 7] 没有证明过程，但是根据帕施的公理 II_4* 可以推导出来，详情如下。

已知不在直线 a 上的点 C。不在 a 上的任意一点和点 C 连接成一条线段，线段和直线 a 的位置关系有两种，相交或者不相交。因此直线 a 把不在 a 上的点分成具有以下性质的两个区域：第一个区域中的任意一点 A 和点 C 连接成的线段 AC 和直线 a 相交，第二个区域中的任意一点 B 和点 C 连接的线段 BC 不和直线 a 相交。在这里，点 C 也进入了第二个领域。根据帕施的公理 II_4*，第一个区域中的任意一点 A 和第二个区域中的任

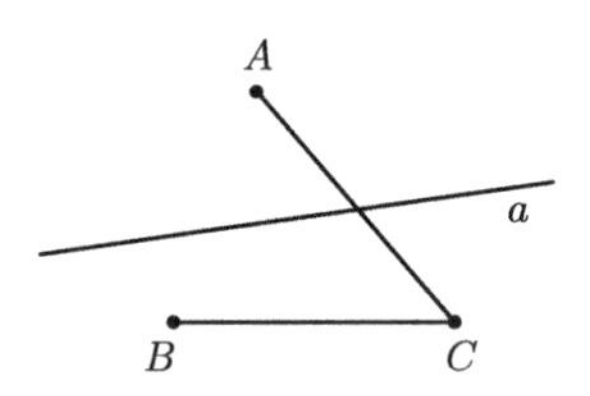

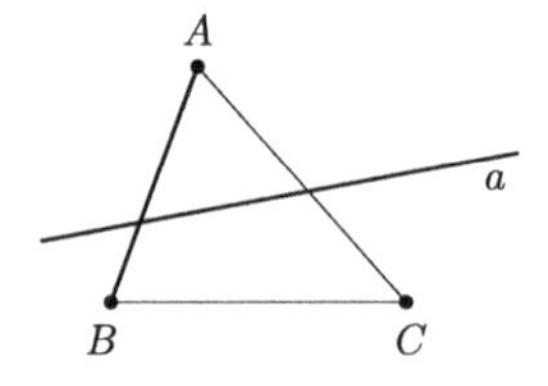

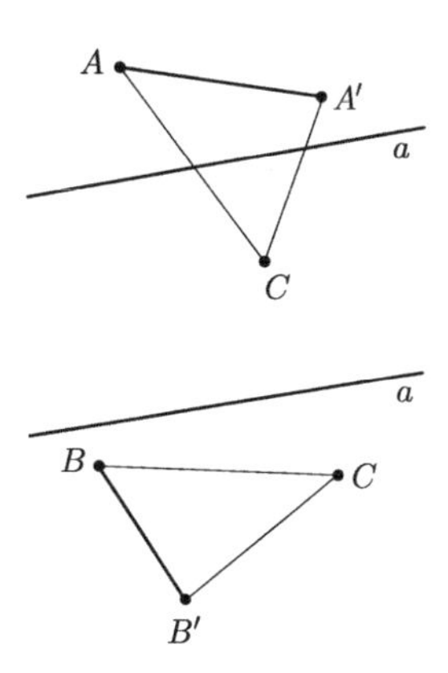

意一点 B 连接的线段 AB 和直线 a 相交，第一个区域中的任意两点 A 和 A' 连接的线段 AA' 不与直线 a 相交，第二个区域中的任意两点 B 和 B' 连接的线段 BB' 不与直线 a 相交。但是，还必须考虑点 B 或者点 B' 和点 C 重合的情况，在这种情况下，使用这两个区域中的定义可以证明线段 AB 和直线 a 相交，且线段 BB' 不和直线 a 相交。因此 [定理 7] 成立（证毕）。

《几何原本》和《理解几何学》中没有出现以上关于顺序的定理。这些定理看图即可明白。《几何原本》流派的平面几何中没有把这种很明显的事实再次作为定理提出并证明。在《几何学基础》中，根据 [定理 7] 定义两点在直线的“同侧”或者“异侧”，而在《几何原本》中“同侧”这个概念没有被定义也没有被解释就突然出现了。

这样，我们知道了《几何学基础》中的平面几何大概有何种特点，与《几何原本》流派的平面几何有何不同。

公理化结构的逻辑严密性　公理化结构平面几何（以及立体几何），即从多个公理出发，根据论证依次证明定理，从而构造平面几何（以及立体几何）体系，这是《几何学基础》的首要目的。正如在《几何学基础》序中写的那样，设定公理系统、有逻辑地建立几何学体系，正是有逻辑地解析直观的几何学。因此，在公理化结构平面几何（以及立体几何）之时，必须排除一切直观感受，仅仅使用逻辑来推进论证。在论证的过程中，我们会用直观感受去讲述，从而无法有逻辑地解析直观内容。因此，公理化结构的论证不能依靠直观只能使用逻辑。在不依靠直观只使用逻辑来论证的公理化结构之时，可以说这个公理化结构**在逻辑上是严密的**。当每个定理的证明不依靠直观仅使用逻辑来论证之时，可以说这个证明在逻辑上是严密的。

论证依靠直观，逻辑上并不严密的证明实际上是怎么样的呢？我们举个例子。例如，《几何原本》开头的图形用定理和证明的形式来表述的话，内容如下。

定理 存在以已知线段 AB 为底边的等边三角形。

证明 画出圆心为 A、半径为 AB 的圆 α，再画出圆心为 B 半径为 BA 的圆 β。圆 α 和圆 β 的交点为 C。线段 CA 等于 α 的半径 AB，线段 CB 等于 β 的半径 BA。因此线段 CA 和线段 CB 都等于线段 AB。即$\triangle\, CAB$ 是以线段 AB 为底边的等边三角形（证毕）。

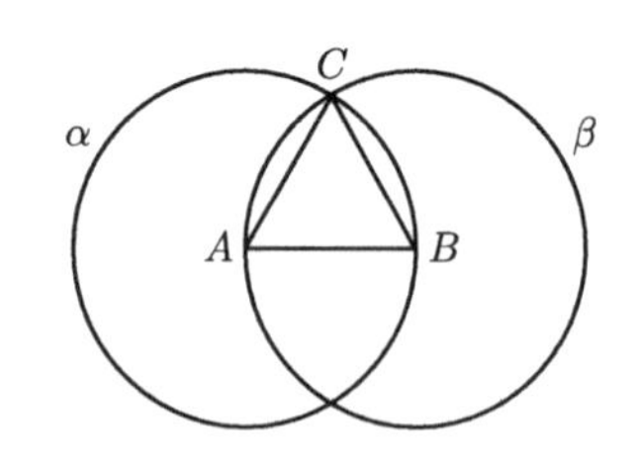

似乎这个证明在逻辑上是严密的。但是仔细一想，为了把 α 和 β 的交点命名为 C，我们必须提前知道 α 和 β 相交。在这个证明中，我们看图即可知道，因为 α 和 β 相交，所以 α 和 β 交于 C 点，因此我们基于对图形的直观感受就可以知道 α 和 β 相交。所以这个证明在逻辑上并不严密。

还有一个例子，第 I 章的定理 6.4："三角形的三条中线相交于一点"（第 91 页）。在旧制中学学习过的定理的证明如下。

定理　已知 $\triangle ABC$ 的边 BC、CA、AB 的中点分别为 L、M、N，中线 BM 和中线 CN 的交点为 G，证明通过 A 和 G 的直线 AG 通过 L。

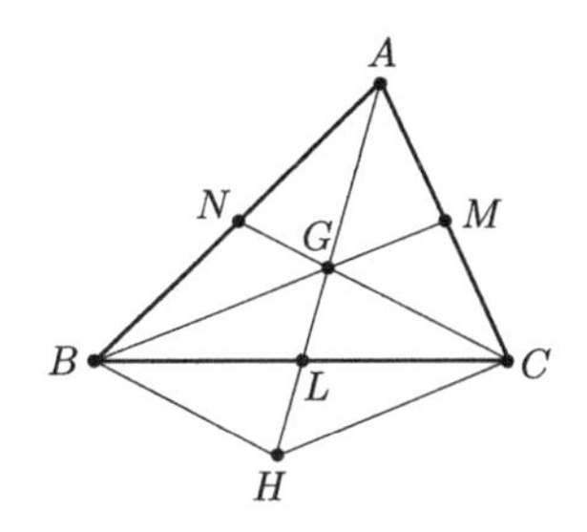

已知直线 AG 上的点 H 使 G 为线段 AH 的中点。根据定理 4.11 的推论可知，因为连接三角形两条边中点的直线平行于第三边，所以 $NG \parallel BH$，$GM \parallel HC$，因此四边形 $BHCG$ 是平行四边形。根据定理 4.7 可知，平行四边形的对角线互相平分。因此直线 AG 通过边 BC 的中点 L（证毕）。

似乎这个证明在逻辑上也是严密的。但是，在证明开始的部分中把中线 BM 和中线 CN 的交点定义为 G，中线 BM 和中线 CN 的相交是通过直观看图得知的。因此这个证明在逻辑上并不严密。

这样，在《几何原本》流派的平面几何中，于意想不到之处存在不少依赖直观感受的证明。因此《几何原本》的公理化结构和第 I 章的公理化结构在逻辑上都不严密。

《几何学基础》中平面几何的公理化结构　在《几何学基础》中，平面几何中的“点”“直线”“通过”“在……之间”等原始概念是不定义概念。不定义概念可以认为是从最初就知道意义且不用解释就可以使用的概念。但是，《几何学基础》中的不定义概念是本身就没有意义的符号。为了强调这一点，希尔伯特说“可以使用‘桌子’‘椅子’替代‘点’‘直线’”。平面几何的概念是用不定义概念来定义的。例如，点 p“在直线 l 上”的意思为 l 通过 p，两条直线 l 和 m 相交的意思为 l 和 m 经过同一个点，“直线 AB”的意思为经过两点 A 和 B 的直线。因此，平面几何的命题都是用不定义概念这种本身没有意义的符号来表述。在使用没有意义的符号来表述的命题中，直观并不起作用，所以只能使用逻辑来证明。因此，《几何学基础》中平面几何的公理化结构在逻辑上必然是严密的。将不定义概念视为没有意义的符号，使得公理系统的逻辑严密性能够被保证。

在《几何原本》的平面几何中，公理是不解释原因就被认为是真的陈述，《几何学基础》中的公理也是使用没有意义的符号来表述的命题，所以评价其真伪是没有意义的。作为公理化结构的出发点，

《几何学基础》的公理被认为是被任意设定的命题。公理表示直观上的基础事实，但是不定义概念是使用没有意义的符号来表述的，公理也是使用没有意义的符号来表述的，我们只能从这种主张上认为公理是被任意设定的命题。

形式主义 在《几何学基础》中，几何学概念是使用没有意义的符号来表述的，但是逻辑概念是有意义的。在希尔伯特之后创立的数学基础论中，不仅仅是数学概念，就连逻辑概念也都是用没有意义的符号来表述。这样一来，数学的命题都变成了没有意义的符号列，公理化结构的数学体系是先把几个符号列作为公理提出，由此出发，遵循一定的规则，然后依次导出被称为定理的符号列，从而形成体系。说起数学的定义，比如说日本将棋是遵从一定的规则排列棋子的游戏，和这个意思相同，数学是遵从一定的规则排列符号的游戏，这是现代数学主流的形式主义思考。这种形式主义是从希尔伯特的《几何学基础》开始的。

《几何学基础》和平面图形 在《几何学基础》的平面几何中，“点”“直线”“通过”等不定义概念是没有意义的符号，可以使用“桌子”“椅子”替代“点”“直线”，现在，如果用“鼠”“猫”“捕捉”替代“点”“直线”“通过”的话，公理 I_1“存在通过 A 和 B 的直线”

就会变成“存在通过两只老鼠 A 和 B 的直线”这种奇怪的命题，公理 I_2“通过 A 和 B 的直线有且只有一条”就会变成“捕捉两只老鼠 A 和 B 的猫有且只有一只”这种奇怪的命题。即使这样表述也没有问题吗?

法国数学家雅克·阿达马（Jacques Hadamard）在题为《数学领域的发明心理学》一书中写出了对希尔伯特《几何学基础》的看法，大概是这个意思:“希尔伯特在从几何学中排除一切直观的介入上是成功的。但是，希尔伯特在写《几何学基础》之时，常常被直观(几何学的感觉)引导，这是毋庸置疑的。否定这种看法的人只要稍微打开《几何学基础》读上一读就会明白，书中几乎每一页都有绘图。”

在图中，“点”或“直线”这种不定义概念当然都是用画出来的点或者直线来表示的。因为点或者直线的图有意义，所以用点或直线的图来表示的“点”或“直线”就是对“点”或“直线”赋予意义，但是，这和不定义概念是没有意义的符号、用“桌子”“椅子”可以代替“点”“直线”的主张是相反的。不仅如此，几乎每页都有绘画，这是因为在学习平面几何时如果不看图便无法理解。希尔伯特在写《几何学基础》之时，常常被对图形的直观(几何学的感觉)引导，这是毋庸置疑的。我们在读并理解《几何学基础》之时，也常常被对图形的直观(几何学的感觉)引导。为了具体地认识到这一点，我们试着复习［定理 2］及其证明。

我们从术语开始复习。

直线 l 通过点 A 时，叫作 A 在直线 l 上。当直线 l 不通过点 A 时，叫作 A 在直线 l 外。A 不在 l 上和 A 在 l 外的意思是一样的。

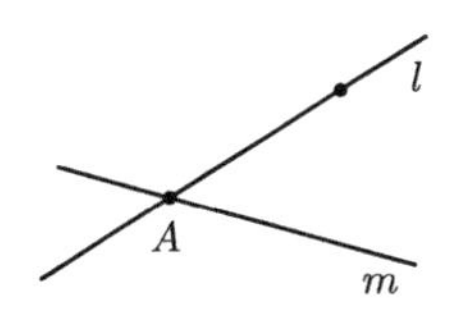

当两条直线 l 和 m 通过一点 A 时，叫作 l 和 m 在点 A 处相交，把 A 叫作 l 和 m 的交点。当称作两条直线 l 和 m 之时，理所当然，l 和 m 是不同的直线。根据公理 I_2 可知，两条直线 l 和 m 不相交，或者只相交于一点。因此

*）当两条直线 l 和 m 在点 A 处相交之时，与 l 上的点 A 不同的点在 m 之外。

根据公理 I_1 和 I_2 可知，通过两点 A 和 B 的直线有且只有一条，所以用直线 AB 表示。直线 AB 和直线 BA 当然是同一条直线。

［定理 2］　对于两点 A 和 C，至少有一点 D 在直线 AC 上且处于 A 和 C 之间。

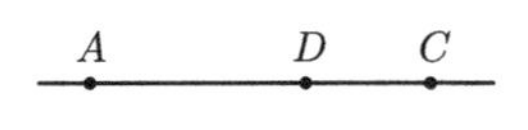

证明：根据公理 I_3 可知，必有一点“E”存在在直线 AC 外。

根据公理 II_2 可知，AE 上有一点 F 使得 E 在 A 和 F 之间。根据公理 II_1 可知，A、F、E 是不同的三个点且 E 在直线 AF 上。

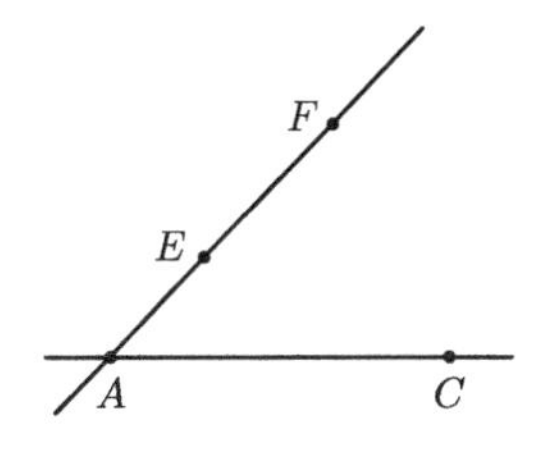

根据 II_2 可知，直线 FC 上有一点 G，使得 C 在 F 和 G 之间。根据公理 II_1 可知，F、G、C 是不同的三个点。

在三点 A、F、C 和直线 GE 上应用帕施的公理 II_4。因此首先必须要证明三点 A、F、C 不在同一条直线上，然后证明直线 GE 不通过三点 A、F、C 中的任何一点。

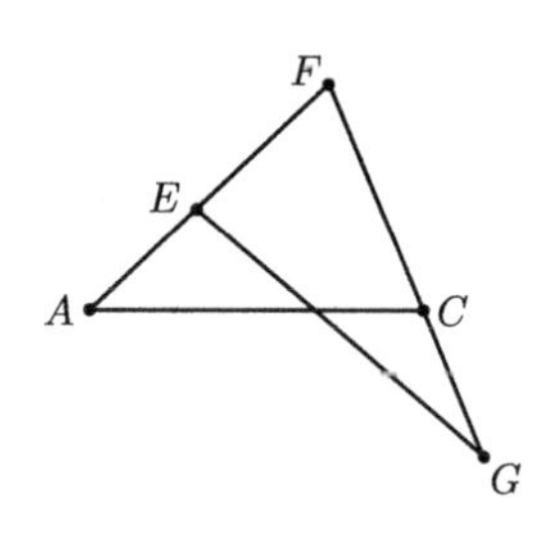

因为点 E 在直线 AC 外，所以直线 AE 和 AC 是不同的直线。两条直线 AE 和 AC 在点 A 处相交，所以根据上述的 *) 可知，与直线 AE 上的点 A 不同的点 F 在直线 AC 之外。因此 A、F、C 是不在同一条直线上的三个点。

因此，直线 AE 和 FC 是不同的直线。因为两条直线 FC 和 AE 在点 F 处相交，所以根据上述的 *) 可知，和直线 FC 上的点 F 不同的点 G 在直线 AE 之外，因此直线 AE 和 GE 是不同的直线。因为两条直线 AE 和 GE 在点 E 处相交，所以根据上述的 *) 可知，与直线 AE 上的点 E 不同的点 A 和点 F 都在直线 GE 之外。

因为点 F 在直线 GE 之外，所以直线 FC 和 GE 是不同的直线。因为两条直线 FC 和 GE 在点 G 处相交，所以根据上述的 *) 可知，和直线 FC 上的点 G 不同的点 C 在直线 GE 之外。

这样，因为 A、F、C 是不在同一条直线上的三个点，直线 GE

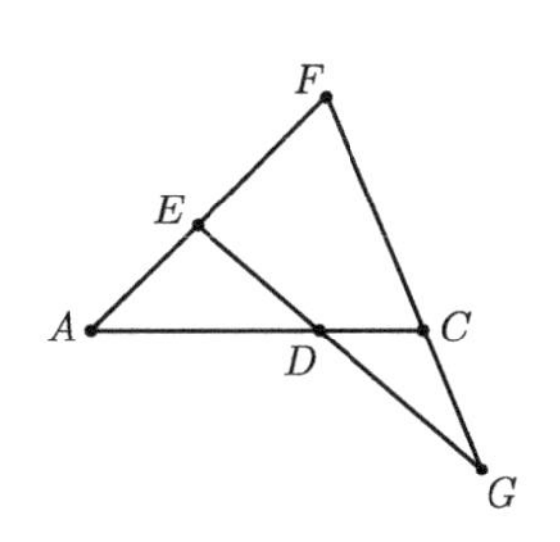

不通过 A、F、C 中的任何一点，直线 GE 在 A 和 F 之间的点 E 处与直线 AF 相交。因此根据公理 II_4，直线 GE 在 F 和 C 之间的一点处与直线 FC 相交，或者在 A 和 C 之间的一点处与直线 AC 相交。因为直线 GE 和 FC 的交点是 G，所以如果 GE 在 F 和 C 之间的一点处与 FC 相交的话，G 在 F 和 C 之间。根据公理 II_3，在三点 F、C、G 中，最多存在一点在其他两点之间。因此，把定义 G 为 C 在 F 和 G 之间，这与 G 在 F 和 C 之间是相矛盾的。因此直线 GE 不与直线 FC 相交于 F 和 C 之间的一点。因此直线 GE 与直线 AC 相交于 A 和 C 之间的一点。如果把这个点叫作 D 的话，那么就可以证明存在一点 D 在直线 AC 上且处于 A 和 C 之间（证毕）。

《几何学基础》[定理 2] 的证明只写了概要，所以补充的详细内容是其证明。证明不依据对图形的直观感受，而是仅使用逻辑来严密地论证。

这个证明给我们提供了很好的材料，来确认理解平面几何的内容是否必须看图。因为证明是不根据直观感受而仅使用逻辑来严密论证的，所以如果不看图就可以理解平面几何的话，那么不看图仅读文字应该也可以理解证明。这时，在脑海中想象图就等同于看图，所以更加严密地来讲，既不看图也不想象仅读文章应该就能够理解。但是实际上，如果在读证明内容时既不看图也不想象，那么转眼间就不知道自己刚刚做了什么。这种不知所措的样子暗示了如果不清楚明白地看图就无法理解证明。机械地追踪证明的论证在不看图的情况下也能做到，但是，想要理解证明我们必须看图。

这样，不看图就无法理解平面几何。在《几何学基础》中几乎每页都有图画的原因就在于此。

《有趣的几何》的公理化结构　因为《几何学基础》中平面几何的公理化结构难度过大，所以，我在拙作《有趣的几何》[①]一书中尝试用稍微简单且严密的方法讲述了平面几何的公理化结构。

《几何学基础》书如其名，是一本以解析几何学基础内容为目的的书，其公理化结构也仅限于几何的基础内容部分。例如，关于圆的内容，在定义圆之后，仅仅写下这样一句话："如果使用公理组Ⅲ－Ⅳ，那么有可能画出和圆相关的著名定理的图，特别是有可能画出通过不在同一条直线上的三点的圆，或者，也很容易推导出来圆周角大小不变定理，关于圆内接四边形的内角定理等。"

这本书中的公理化结构的立场是：不定义概念并不是没有意义

① 小平邦彦:《有趣的几何》(幾何のおもしろさ)，数学入门系列第7卷，岩波书店(1985)。

的符号之类的，而是从一开始就能明白意思、不用定义就能够使用的术语，公理是不需要陈述理由且为真的陈述。形式主义站在相反的立场。公理有以下 1 到 8 个。

公理 1 已知两点 A 和 B，可以画出通过 A 和 B 的直线。通过 A 和 B 的直线有且只有一条。

这个公理 1 是第 I 章的公理 II，也是糅合《几何学基础》的关联公理 I_1 和 I_2 之后的内容。

接着是顺序公理。在《几何学基础》顺序公理及其推论的内容中，虽然很难证明直线上点的顺序，但是看图即可明白公理 II_2、公理 II_3、公理 II_4、从 [定理 2] 到 [定理 6] 的所有内容。因此，在这个公理化结构中，关于直线上点的顺序的所有内容都非常容易明白，所以顺序的公理化结构是从《平面的顺序公理》开始的。

公理 2 当直线 l 不通过三点 A、B、C 中的任何一点，l 不与线段 AB、BC、AC 中的任何一条相交，或者与其他两条相交但不与另外一条相交。

这是《几何学基础》的帕施公理 II_4*。基于这个公理定义两点在一条直线的同侧、或者异侧，这个定义和《几何学基础》的 [定义] 一样。这些是第 I 章中没有的内容。

下面是计量公理。线段的长度用正实数来表示，用符号 AB 来表示线段 AB 的长度。

公理 3　如果线段 AB 上的点 C 在 A 和 B 之间，那么，等式

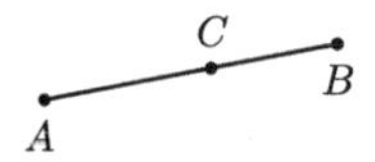

$$AB = AC + CB$$

成立。

因为第 I 章中线段的长度是正实数，所以从最初就能够自然而然地明白公理 3 之前的所有内容，在此就没有多作说明。

角的大小是正实数，用同样的符号 $\angle AOB$ 来表示角 $\angle AOB$ 的大小。

公理 4　如果点 C 在 $\angle AOB$ 的内部，那么，等式

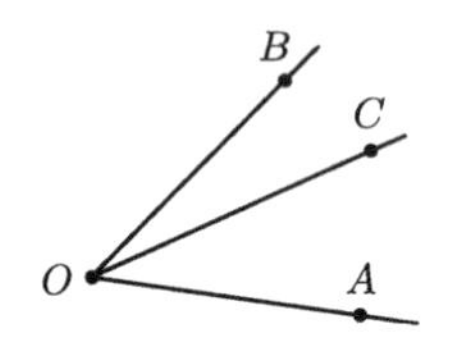

$$\angle AOB = \angle AOC + \angle COB$$

成立。

第 I 章中角的大小的定义是：其中一条边围绕着顶点 O 的周围旋转，一直旋转到另外一条边时，其旋转量的大小为角的大小。自然而然地就可以从这个定义中推导出来角的大小为正实数以及上面的公理 4。

下面是全等的公理。

定义　关于 $\triangle ABC$ 和 $\triangle DEF$，当等式

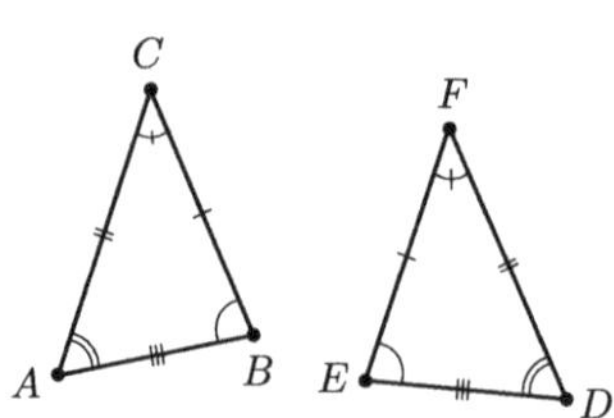

$\angle A = \angle D$，$\angle B = \angle E$，$\angle C = \angle F$

$$BC = EF,\ CA = FD,\ AB = DE$$

$\triangle ABC$ 和 $\triangle DEF$ 全等。把 $\triangle ABC$ 和 $\triangle DEF$ 的全等用 $\triangle ABC \equiv \triangle DEF$ 来表示。

公理 5 已知 $\triangle ABC$ 和不在同一条直线上的任意三点 O、P、Q，关于射线 OP 上的点 B' 和直线 OP，可以定义与 Q 在直线 OP 同侧的点 C' 使得

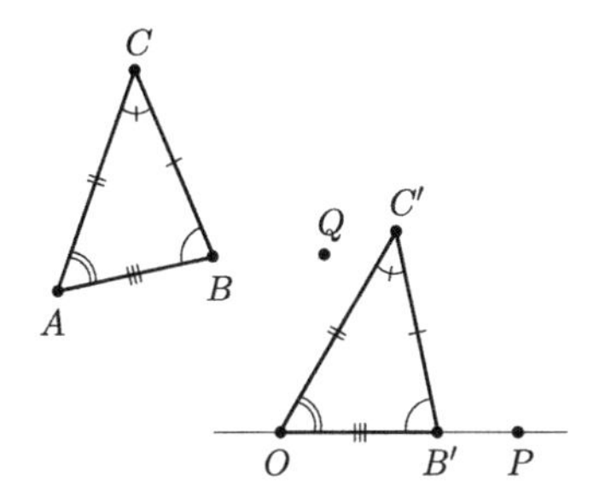

$$\triangle OB'C' \equiv \triangle ABC$$

这个公理应该表述为“可以画出在由任意三点 O、P、Q 指定的位置中存在 $\triangle OB'C'$ 与 $\triangle ABC$ 全等”，正确的表述是“在任意位置可以画出和 $\triangle ABC$ 同角同边长的 $\triangle A'B'C'$”。考虑到不是画新 $\triangle A'B'C'$，而只是“移动”$\triangle ABC$，结果就有了公理 5 的正确表述，即第 I 章的公理 $\mathrm{I}^{\triangle}$“三角形可以在不改变三个角大小和三条边长度的情况下改变其位置”。

公理 6 当两条直线 l 和 m 被第三条直线所截相交于 A 和 B 两点，且 l 上的点 C 和 m 上的点 D 在第三条直线 AB 的同侧之时，如果同旁内角 $\angle ABD$ 和 $\angle BAC$ 之和比 $2\angle R$ 小，那么直线 l 和 m

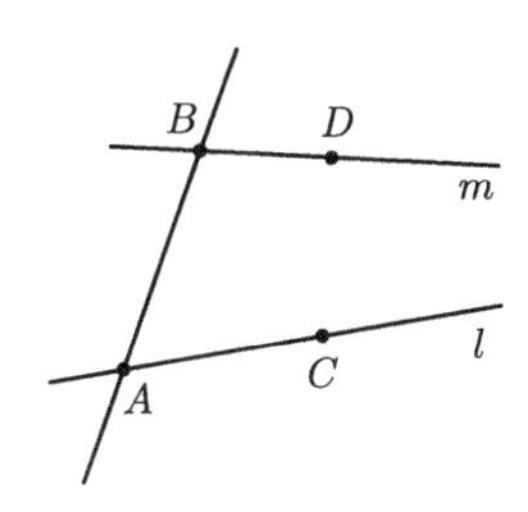

相交于与 C 在直线 AB 同侧的一点。

这是欧几里得《几何原本》的第五公设，等价于下面的平行线公理。

平行线公理 已知直线 l 和 l 外的点 B，通过 B 平行于 l 的直线有且只有一条。

这是第Ⅰ章的公理Ⅳ。关于平行线公理，之后再详细说明。

公理 7 存在长度等于 1 的线段 OE。

选择任何一条线段定义为线段 OE，如果以长度 OE 为单位来计算线段的长度，那么公理 7 就成立。当然，第一章没有这个公理。

公理 8 如果圆 β 和圆 α 不相交，那么 β 在圆 α 的内部，或者在圆 α 的外部。

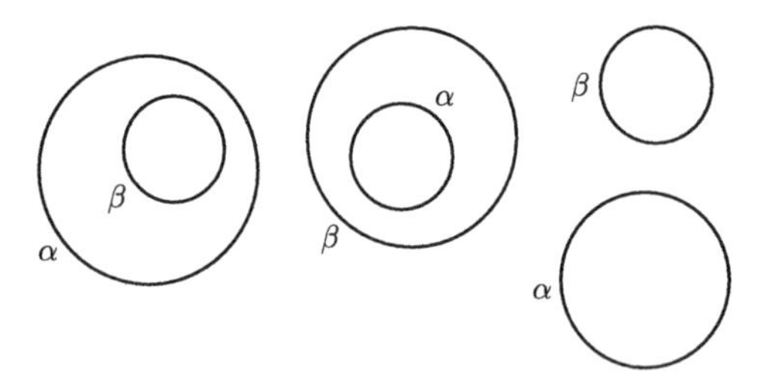

这个公理可能被认为有些不可思议，应该叫做圆的“顺序”的公理。例如，在前面指出了《几何原本》开篇的画图其逻辑不严密，但是

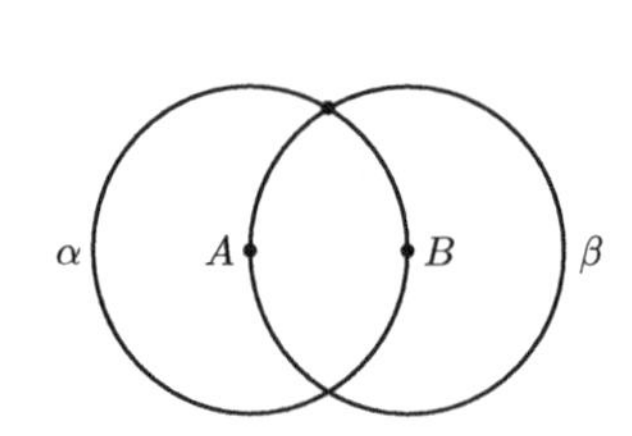

如果使用公理 8，那么可以像下面那样既有逻辑又能够严密地证明分别通过另一个圆圆心的圆 α 和 β 相交。使用归谬法假设 α 和 β 不相交。根据公理 8 可知，β 在 α 的内部，或者在 α 的外部。通过圆 α 圆心 A 的圆 β 不能在 α 的外部。因此，β 在 α 的内部。如果把线段 AC 当作圆 β 的直径，那么 β 上的点 C 在圆 α 的内部。因此，AC 比 α 的半径小，即 $AC < AB$。这与 β 的圆心 B 是直径 AC 的中点相矛盾（证毕）。

平行线公理

平行线公理（公理Ⅳ） 已知直线 l 和 l 外的一点 B，通过 B 平行于 l 的直线有且只有一条。

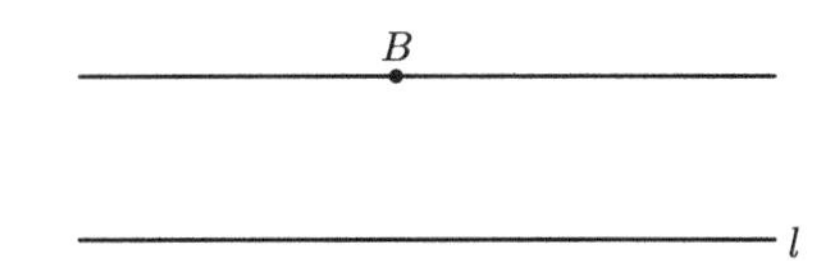

在欧几里得的《几何原本》中，担任平行线公理角色的是第五公设：

第五公设 当两条直线 AC 和 BD 被第三条直线所截相交于 A 和 B 两点，且 C 和 D 两点在直线 AB 的同侧之时，如果同旁内

角 $\angle BAC$ 和 $\angle ABD$ 之和比 $2\angle R$ 小，那么无限延长两条直线 AC 和 BD 的话将在一点相交，这个交点与 C 在直线 AB 的同一侧。

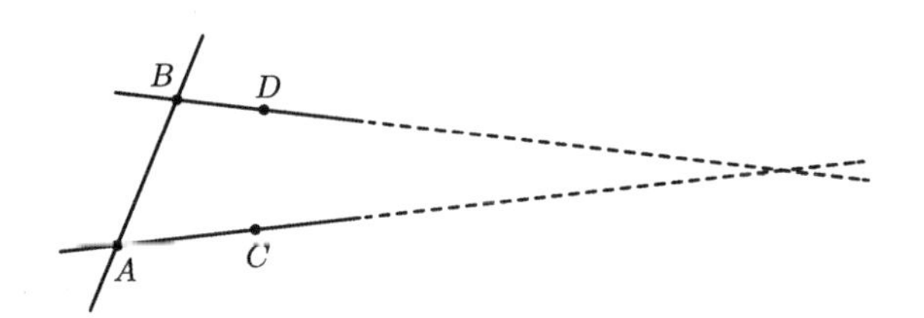

实际上，可以很容易证明第五公设等价于平行线公理。

如右图所示，取直线 l 上两点 A 和 C，使得点 E 与 C 在连接 A 和 B 的直线 AB 的同一侧、且 $\angle ABE+\angle BAC=2\angle R$。这样一来，直线 BE 和 l 与直线 AB 相交形成的同旁内角互为补角，所以根据定理 4.1 的推论 1(第 61 页)可知，直线 BE 平行于 l。

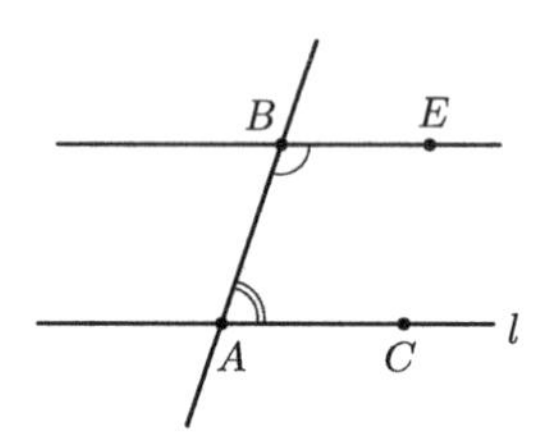

首先，从第五公设中推导出平行线公理。如下页图所示，画出通过点 B 但不通过 E 的直线 m，点 D 在 m 上且与 C 在直线 AB 的同一侧。这样一来，$\angle ABD$ 比 $\angle ABE$ 小，或者大。如果 $\angle ABD<\angle ABE$，那么

$$\angle ABD+\angle BAC<\angle ABE+\angle BAC=2\angle R$$

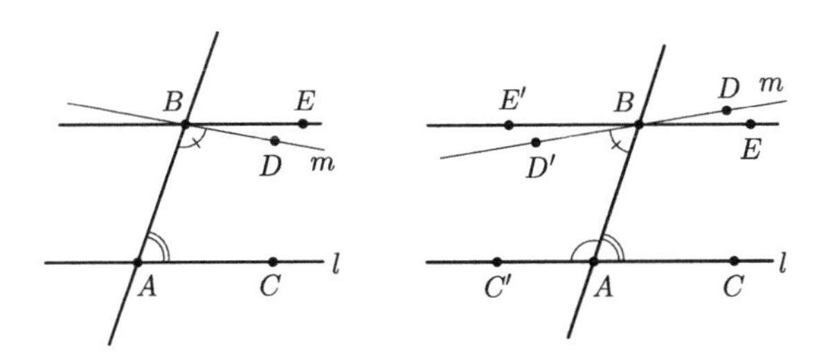

因此根据第五公设，l 和 m 相交。如果 $\angle ABD > \angle ABE$，那么像上面右图那样在直线 BE、m、l 上定义点 E'、D'、C' 的话，则

$$\angle ABD' + \angle BAC' < \angle ABE' + \angle BAC' = 2\angle R$$

因此根据第五公设得出 l 和 m 相交。

通过点 B 但不通过 E 的直线 m 必定和 l 相交，所以只有直线 BE 通过 B 且平行于 l。即，平行线公理成立。

下面，从平行线公理中推导出第五公设。如右图所示，两条直线 AC 和 BD 被第三条直线所截相交于 A 和 B，C 和 D 在直线 AB 的同一侧，则

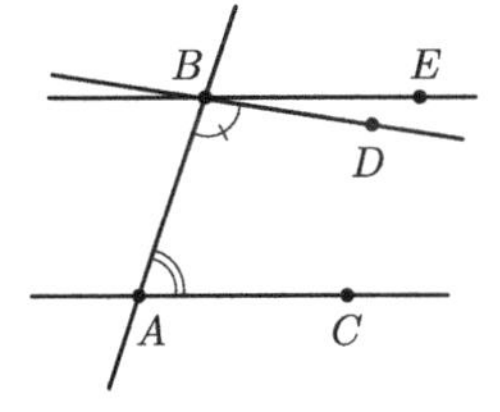

$$\angle ABD + \angle BAC < 2\angle R$$

如果定义点 E 使得关于直线 AB 和 C 在同一侧，且 $\angle ABE + \angle BAC = 2\angle R$，那么直线 BE 和直线 AC 平行。因为 $\angle ABD < \angle ABE$，所以直线 BD 是与直线 BE 不同的直线，所以根据平行线公理可知，直线 BD 不与直线 AC 平行，即与直线 AC 相交。其交点为 P。如果

交点 P 和点 C 在直线 AB 的异侧，根据定理 2.6(第 36 页)，$\triangle BAP$ 的外角 $\angle ABD$ 也比与它不相邻的内角 $\angle BAP$ 要大，所以

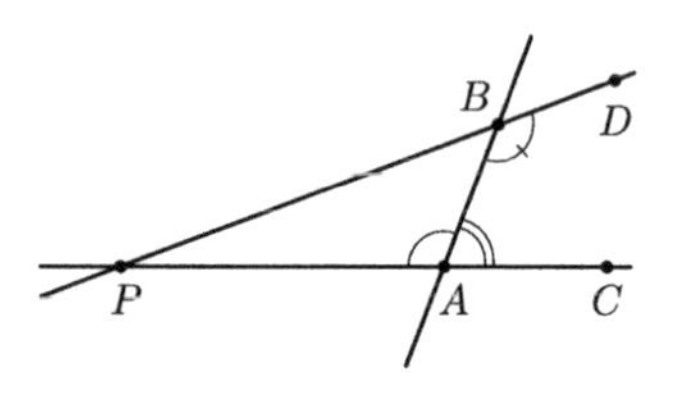

$$\angle ABD + \angle BAC > \angle BAP + \angle BAC = 2\angle R$$

这与假设相反。因此直线 AC 和 BD 的交点 O 与 C 在直线 AB 的同侧，即第五公设成立(证毕)。

从平行线公理中推导出三角形的内角之和等于 $2\angle R$(第 63 页，定理 4.4)。

相反，如果承认三角形的内角之和等于 $2\angle R$ 是公理的话，如下所示，可以从中推导出第五公设[①]。

引理 如图，点 C 和点 E 在直线 AB 的同一侧，如果

(1) $\angle CAB + \angle EBA = 2\angle R$，$\angle EBA$ 的角平分线和射线 AC 相交。

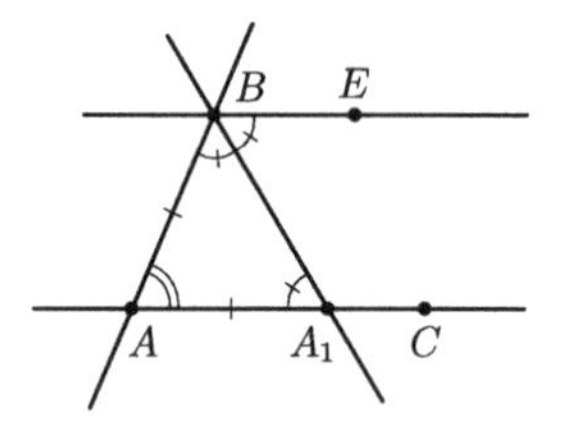

证明 已知射线 AC 上存在点 A_1 使 $A_1A = BA$，证明 $\angle EBA$ 的角平分线经过 A_1。

① 出自《几何学基础》，第 47 页。

用线段连接 A_1 和 B，画出等腰三角形 $\triangle AA_1B$。假设三角形的内角之和等于 $2\angle R$ 是公理，那么

$$\angle A_1AB + \angle ABA_1 + \angle AA_1B = 2\angle R$$

因此等腰三角形的两个底角相等，$\angle A_1AB$ 和 $\angle CAB$ 相等，所以根据 (1) 可知

$$\angle EBA = \angle ABA_1 + \angle AA_1B = 2\angle ABA_1$$

即

$$\angle ABA_1 = \frac{1}{2}\angle EBA$$

因此 $\angle EBA$ 的角平分线是直线 $BA1$（证毕）。

第五公设的假设是点 C 和点 D 在直线 AB 的同一侧，

$$\angle CAB + \angle DBA < 2\angle R \tag{2}$$

结论为直线 BD 和射线 AC 相交。

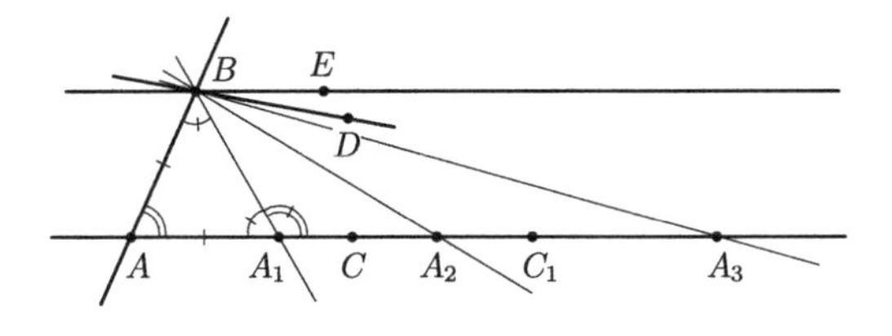

如上图所示，定义与 C 在直线 AB 同侧的点 E 使得 (1) 的等式

$$\angle CAB + \angle EBA = 2\angle R$$

成立，根据引理可知 $\angle EBA$ 的角平分线和射线 AC 相交。其交点为

A_1，则

$$\angle EBA_1 = \angle ABA_1 = \angle BA_1A$$

因此，如果在射线 AC 上取点 C_1 使得 A_1 在 A 和 C_1 之间，那么

$$\angle C_1A_1B + \angle EBA_1 = \angle C_1A_1B + \angle BA_1A = 2\angle R$$

即分别用 A_1 和 C_1 替换 (1) 中的 A 和 C，等式

$$\angle C_1A_1B + \angle EBA_1 = 2\angle R$$

成立。因此，根据引理可知 $\angle EBA_1$ 的角平分线是射线 A_1C_1，因此和射线 AC 相交。如果其交点为 A_2，再根据引理可知 $\angle EBA_2$ 的角平分线和射线 AC 相交。如果其交点为 A_3，同理，定义射线 AC 上的点 A_4、A_5、…、A_n、…、A 使得直线 BA_4 是 $\angle EBA_3$ 的角平分线、直线 BA_5 是 $\angle EBA_4$ 的角平分线、…、直线 BA_n 是 $\angle EBA_{n-1}$ 的角平分线。因此，可以得出

$$\angle EBA_n = \frac{1}{2^n}\angle EBA \tag{3}$$

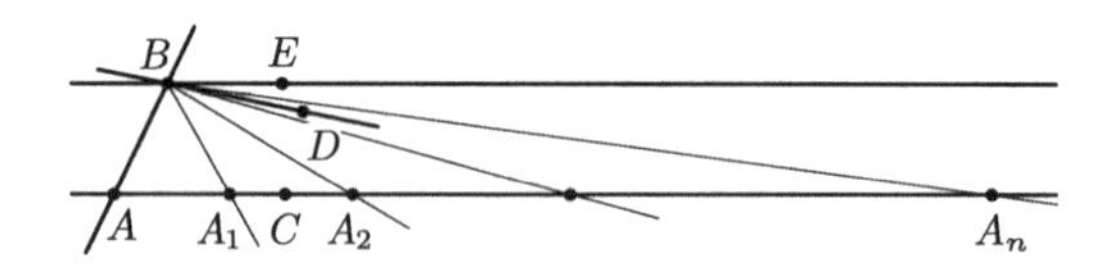

从 (1) 和 (2) 得出

$$\angle EBA > \angle DBA$$

另一方面，根据 (3) 得出

$$\angle A_nBA = \angle EBA - \angle EBA_n = \angle EBA - \frac{1}{2^n}\angle EBA$$

因此，当 n 取最大值时，则

$$\angle A_nBA > \angle DBA$$

点 D 就进入了 $\angle A_nBA$ 的内部。因此，直线 BD 和线段 AA_n 相交，故和射线 AC 相交。即第五公设成立。

因此，从三角形的内角之和等于 $2\angle R$ 中可以推导出第五公设。

因为第五公设和平行线公理等价，所以平行线公理和三角形的内角之和等于 $2\angle R$ 是等价的。

公理△ 三角形的内角之和等于 $2\angle R$。

这个公理 △ 的缺点是不像公理。但是，作为图形科学的平面几何公理，公理 △ 被认为比平行线公理更优秀。为了确认两条直线不相交，必须要走到一望无际的远方去确认，但是可以在纸上画出三角形确认三角形的内角之和等于 $2\angle R$ 这个公理。

作为图形科学的平面几何 像在序章中讲述的那样，我认为在旧制中学学习的平面几何是图形科学。图形科学的研究对象是用尺子和圆规在纸上画图，画图是图形科学的实验，解释在图形中能够看到的现象是图形科学的理论。通过证明记述现象的命题这种形式来解释，因为这个命题是平面几何的定理，所以图形科学的理论是平面几何的定理和证明。因此，第一章中公理化结构的平面几何是作为图形科学的平面几何的理论体系。因为第一章中的平面几何是旧制中学学习的平面几何，所以旧制中学学习的平面几何也是作为图形科学的平面几何的理论体系。

正如前面所讲的那样，作为图形科学的平面几何的公理化结构在逻辑上并不是严密。那么平面几何对于我们旧制中学的学生来说为什么会是极其严密的学问体系呢？我们试图去寻找其中原因。

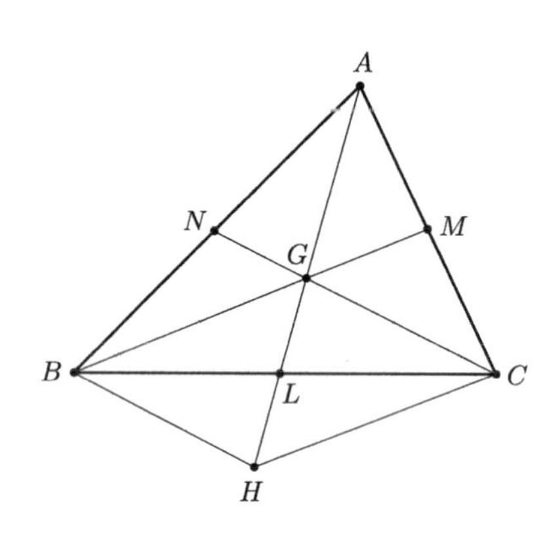

首先，虽然证明在逻辑上并不严密，但是对旧制中学的学生来说却是严密的，举个例子，我们来看看之前讲过的“三角形的三条中线相交于一点”这个定理的证明。

证明　$\triangle ABC$ 的三条边 BC、CA、AB 的中点分别为 L、M、N，中线 BM 和中线 CN 的交点为 G。已知在连接 A 和 G 的直线 AG 上的点 H 使得 G 为线段 AH 的中点。因为连接三角形两条边中点的直线与第三条边平行，所以 $NG \parallel BH$，$MG \parallel CH$，因此四边形 $BHCG$ 是平行四边形。因为平行四边形的对角线相互平分，所

以直线 AG 通过边 BC 的中点，因此中线 AL 通过 G（证毕）。

正如前面所说，这个证明的逻辑并不严密。证明不严密之处在哪里呢？复习一下我们便可知道，最开始的中线 BM 和中线 CN 的交点为 G 这一点在逻辑上并不严密。

在逻辑严密的证明中，比如说可以使用帕施的公理 II_4* 来证明中线 BM 和中线 CN 相交。

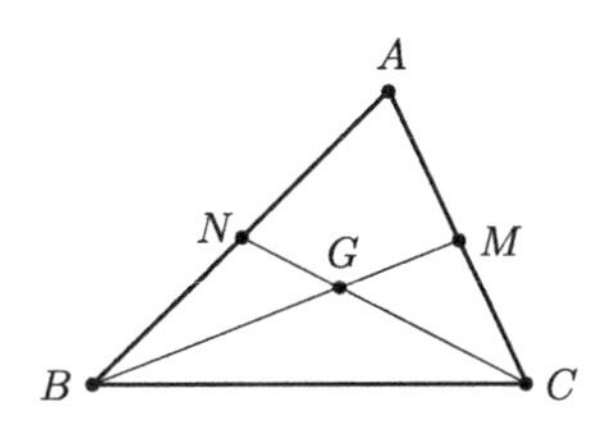

不通过三个点 A、N、C 中任何一点的直线 BM 和线段 AC 相交，但不和线段 AN 相交。因此根据公理 II_4* 可知，直线 BM 和线段 CN 相交。同样，直线 CN 和线段 BM 相交。因此中线 BM 和中线 CN 相交。

在这个证明中，我们看图就能够明白中线 BM 和中线 CN 相交，设其交点为 G。在这里，这个证明的论证来自于对图形的直观感受。因此，这个证明在逻辑上并不严密。

但是，对于我们旧制中学的学生来说，我们看图就能够明白中线 BM 和中线 CN 相交，承认这个清楚的事实为真这件事本身就会有损证明的逻辑严密性，即使被这样提醒，我们大概仍不会明白是怎么一回事儿吧。因此，对于我们旧制中学的学生来说，这个证明看起来是极其严密的。

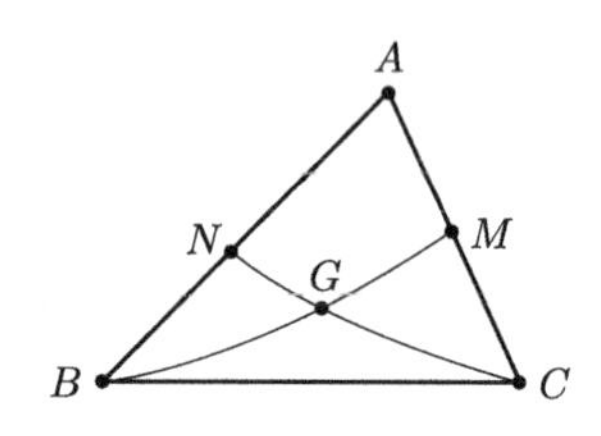

在这里，如果我们看图就能知道中线 BM 和中线 CN 相交，那么我们看图也能够明白三条中线 AL、BM、CN 可能相交于一点。在纸上画的图只不过是近似于理想的完美图形。L、M、N 三点有可能稍微偏离三条边的中点，所以三条中线 AL、BM、CN 有可能稍微弯曲。尽管如此，看着大致正确画出的图形就可以知道中线 BM 和中线 CN 相交。这时，中线 BM 和中线 CN 相交于唯一的一个点，这从第Ⅰ章公理Ⅱ“通过两点的直线有且只有一条”中可以立刻被推导出来。

与之相反，无论多么准确地画出图形，从图形上也无法判断三条中线 AL、BM、CN 相交于一点。即使看上去相交于一点，用放大镜看的话，有可能像右图一样。因此，必须要证明三条中线 AL、BM、CN 相交于一点。

从这个例子来推测普遍情况有可能会被认为有些胡闹，在这里我们试着提出以下假设：

假设 平面几何的真命题可以分为下面的两类：

(一) 看着大体上正确绘制出来的图就能够明白是真命题；

（二）无论画出多么准确的图形，我们也无法从图中判断出是真命题的命题。

下面，基于假设来推进讨论。

把属于（一）的命题叫作第一种命题，把属于（二）的命题叫作第二种命题。第一种命题是看图就能够明白的命题，看图就能够明白的命题不可能是第二种命题。因此第一种命题即为看图就能够明白的命题。

“三角形的两条中线相交”是第一种命题，“三角形的三条中线相交于一点”是第二种命题。《几何学基础》中直线上点的顺序公理和定理、帕施公理、“直线把平面分为两个区域”的［定理 7］是第一种命题。与此相对，“通过两点 A 和 B 的直线有且只有一条”这个关联公理是第二种命题。因为，再次用尺子画出通过 A 和 B 的直线时，这两条直线不一定完全一致。在《有趣的几何》中，这八个公理中的公理Ⅱ（帕施公理）和公理Ⅷ（关于圆的顺序公理）是第一种命题，剩下的六个公理是第二种命题。另外，大部分的定理都是第二种命题。

正如在第一章所看到的，在作为图形科学的平面几何中，如果看图的话，明晰的命题在不用证明的情况下承认事实就可以推进论证。因此，根据平面几何的命题可以分为第一种和第二种的假说，作为图形科学的平面几何就变成了这种论证体系：认为第一种命题是看图就能够明白的事实，并基于这一点来证明第二种命题。

认为第一种命题是看图就能够明白的事实，并基于这一点来证明第二种命题，实际上这是怎么一回事呢？看例子就可以知道。例 1 是上述“三角形的三条中线相交于一点”的定理证明(第 168 页)。在证明中，$\triangle ABC$ 的中线 BM 和中线 CN 相交是第一种命题，所以认为这是明晰的事实，然后来证明第二种命题：设中线 BM 和中线 CN 的交点为 G，中线 AL 通过 G。

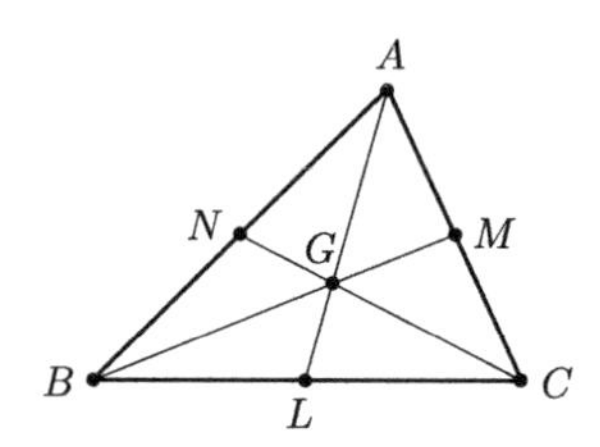

例 2 是第一章定理 6.9 的证明(第 98 页)。

定理 6.9 弧 $\overset{\frown}{BC}$ 所对的圆周角 $\angle BAC$ 的角平分线经过弧 $\overset{\frown}{BC}$ 的中点 M。

证明 根据定义，弧 $\overset{\frown}{BC}$ 的中点 M 是弦 BC 垂直平分线和 $\overset{\frown}{BC}$ 的交点。在右图中，求证射线 AM 平分 $\angle BAC$。

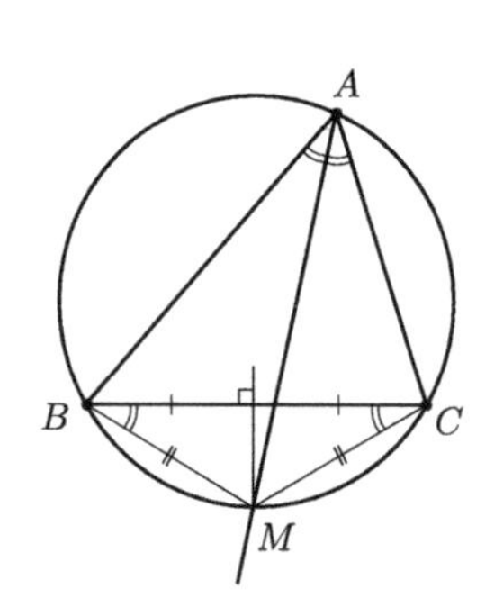

弦 BC 垂直平分线上的点到 B 和 C 的距离相等，所以 MB 和 MC 相等。即 $\triangle MBC$ 是等腰三角形。因此等腰三角形的两个底角相等，所以 $\angle MBC = \angle MCB$。看图可知 A 和 B 在直线 MC 的同一侧。因此，根据圆周角大小不变定理可知，$\angle MAC = \angle MBC$。同样，看图可知 A 和 C 在直线 MB 的同

侧。因此根据圆周角大小不变定理可知，$\angle MAB=\angle MCB$。因此 $\angle MAC=\angle MAB$，即射线 AM 平分 $\angle BAC$（证毕）。

在我们证明的定理 6.9 的证明中，画线的两个部分是第一种命题，我们认为这是看图就能够明白的事实，并基于这一点来证明第二种命题。

作为图形科学的平面几何的证明采取了这种形式：把第一种证明当作已知的事实来叙述，然后基于此来证明第二种命题。这时，如果第二种命题的证明即有逻辑有严密的话，那么可以认为作为图形科学的平面几何的证明也是严密的。简言之，作为图形科学的平面几何的严密证明是把第一种证明作为已知的事实来讲述，然后严密地证明第二种命题。作为图形科学的平面几何的证明，上述两个例子的证明是严密的。

平面几何的体系作为图形科学是严密的，这意味着这个证明作为图形科学的平面几何的证明是严密的。在这个意义上，我们可以认为第一章的平面几何和旧制中学学习的平面几何作为图形科学都是严密的。

对于我们旧制中学的学生来说，第一种证明是看图就可以知道的事实，完全没有考虑过这是需要证明的命题。因此，我们可以认为作为图形科学，旧制中学学习的平面几何是极其严密的学问。

因此，我们知道了旧制中学学习的平面几何看上去是严密的学问体系。看上去严密，绝不是听起来好像在说实际上并不严密。旧制中学学习的平面几何作为图形科学具有一套严密的体系，是一门具有逻辑整合性的伟大学问。说它不严密的意思是，在证明之时，认为第一种证明是看图就可以知道的事实的这种数学思考方法是不严密的，所以一旦承认第一种证明是可以知道的事实，那么之后的证明论证在逻辑上就会是严密的。旧制中学学习的平面几何不严密，不是说其逻辑不严密，而是说其数学思考方法是不严密的。

伴随着近代数学教育的现代化，旧制中学学习的平面几何在数学初等教育（一直到高中毕业的教育）中消失了踪影。其原因之一是从现代数学的角度来看平面几何并不严密，我觉得这个理由很奇怪。正如上面所说，旧制中学学习的平面几何作为图形科学具有一套严密的体系，是一门具有逻辑整合性的伟大学问。我认为，作为数学初等教育的教材，如果这个体系对于学习平面几何的学生来说是严密的，那么这就足够了。超过学生学习能力的严密的数学对于学生来说，反倒会给学生造成一种模棱两可的印象。试着想象一下教初中生学习《几何学基础》的情况就会明白这一点。因此，在数学的初等教育中，从现代数学的角度来看，想教授严密的数学根本就是不可能的事。原因在于，伴随着现代化的推进，从现代数学的角度来看，出现在高中数学中的微积分学并不严密，这已经是超出平面几何范围之外的话题了。

在旧制中学，我通过学习平面几何的知识学习了逻辑。从现代数学的立场来看平面几何有可能是不严密的，但是，从中学习到的逻辑是严密的逻辑。为了学习逻辑，必须尝试把逻辑应用到各种场合。平面几何是一套由逻辑构成的体系，为了学习它，必须常常有意识地使用逻辑。在数学的初等教育中，只有平面几何才是提供多种机会来使用逻辑的教材。平面几何是教授逻辑最为合适的教材。但是，非常遗憾的是，旧制中学学习的平面几何伴随着日本近代数学教育的现代化消失了。

第三章
复数和平面几何

复数这个词在16世纪被卡尔达诺[①]（Cardano）等数学家使用，复数的应用在18世纪已经很发达了。即便如此，复数也仍然像虚数这个名称的字面意思那样，它被认为是为了方便计算而导入的无实义的数。复数被认为是同实际存在的实数一样，是实际存在着的，因为到了19世纪后半段，高斯（Gauss）发现了复数在几何学上的使用方法[②]。

复平面

把 $z = x + \mathrm{i}y$，x、y 是实数，$\mathrm{i} = \sqrt{-1}$ 这个形式的数叫作**复数**。用坐标平面（xy 平面）上的点 (x, y) 来表示复数 $z = x + \mathrm{i}y$。反过来说，坐标平面上的任意一点 (x, y) 也可以表示复数 $z = x + \mathrm{i}y$。

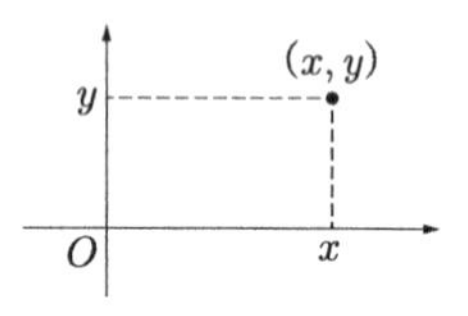

这样，在考虑用各个点来表示复数之时，把坐标平面叫作**复平面**或者**高斯平面**，把 $z = x + \mathrm{i}y$ 叫作点 (x, y) 的**复数坐标**。另外，把点 (x, y) 叫作点 z。例如，原点 $O = (0, 0)$ 的复数坐标为 $0 = 0 + \mathrm{i}0$，原点 O 是点 0。这样一来，用复平面上的点来表示的复数叫作**复数的平面几何表示法**。

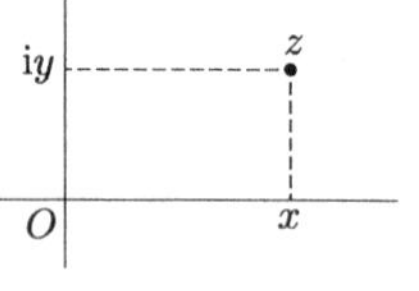

从现在开始，我们来说说复数平面几何应用的初级内容。

---

① 卡尔达诺是发现三次方程解公式的意大利数学家。

② 藤原松三郎著《代数学》I，内田老鹤圃新社，第282—284页。

两个复数 $z=x+\mathrm{i}y$ 和 $w=u+\mathrm{i}v$ 的和与差是

$$(1)\qquad \begin{cases} z+w=x+u+\mathrm{i}(y+v), \\ z-w=x-u+\mathrm{i}(y-v) \end{cases}$$

积是 $zw=(x+\mathrm{i}y)(u+\mathrm{i}v)=xu+\mathrm{i}xv+\mathrm{i}yu+\mathrm{i}^2yv$

因为 $i^2=-1$，所以

$$(2)\qquad zw=xu-yv+\mathrm{i}(xv+yu)$$

把点 z 和原点 0 的距离叫作复数 z 的绝对值，用 $|z|$ 表示。根据勾股定理可知

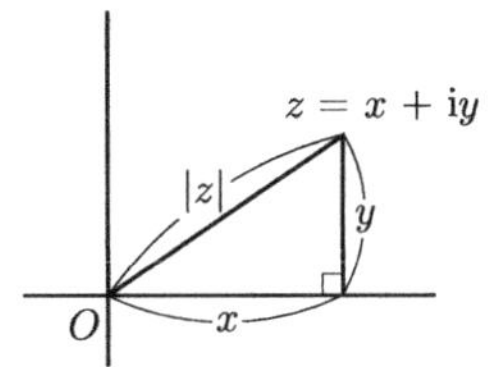

$$|z|=\sqrt{x^2+y^2}$$

与复数 $z=x+\mathrm{i}y$ 相对，把 $x-\mathrm{i}y$ 叫作 z 的共轭复数，用 $\overline{z}$ 表示：

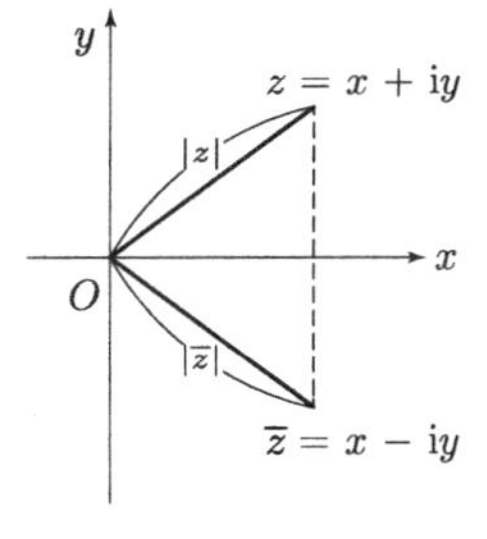

$$\overline{z}=x-\mathrm{i}y$$

z 和 $\overline{z}$ 关于 x 轴对称。很明显

$$(3)\qquad \overline{\overline{z}}=z$$

根据 (2) 可知

$$z\overline{z}=(x+\mathrm{i}y)(x-\mathrm{i}y)=x^2+y^2$$

所以

$$(4)\qquad |z|^2=|\overline{z}|^2=z\overline{z}=\overline{z}z$$

根据 (1) 可

$$\overline{z+w}=\overline{z}+\overline{w}$$

$$\overline{z-w}=\overline{z}-\overline{w}$$

根据(2)可知

$$\overline{zw}=\overline{z}\,\overline{w}$$

另外，当 $z\neq 0$ 时，因为 $z\overline{z}=|z|^2>0$，所以

$$z\cdot\frac{\overline{z}}{|z|^2}=1$$

因此(5) $\frac{1}{z}=\frac{\overline{z}}{|z|^2}$，所以

$$\overline{\left(\frac{1}{z}\right)}=\frac{1}{\overline{z}}$$

根据(4)可以得到乘积的绝对值

$$|zw|^2=zw\overline{zw}=zw\overline{z}\,\overline{w}=z\overline{z}w\overline{w}=|z|^2\,|w|^2$$

所以

$$|zw|=|z|\,|w|$$

把 x 叫作复数 $z=x+\mathrm{i}y$ 的**实数部分**，把 y 叫作**虚数部分**，实数部分用 $\mathrm{Re}\,z$ 表示，虚数部分用 $\mathrm{Im}\,z$ 表示。

(6) $$\mathrm{Re}\,z=\frac{1}{2}(z+\overline{z}),\ \mathrm{Im}\,z=\frac{\mathrm{i}}{2}(\overline{z}-z)$$

向量表示法 用几何学方法在复平面上表示复数的和与差，需要考虑点 z 的位置向量，用 $\vec{z}$ 来表示。z 的位置向量是由以原点 O 为起点、以 z 为终点的有向线段决定的向量。即 $\vec{z}=\overrightarrow{Oz}$。用 $\overline{z}$ 表

示复数 z 叫作**向量表示法**。用分量表示向量 $\vec{z}$ 是

$$\vec{z}=(x,y)$$

z 的绝对值 $|z|=\sqrt{x^2+y^2}$ 是向量 $\vec{z}$ 的长度。

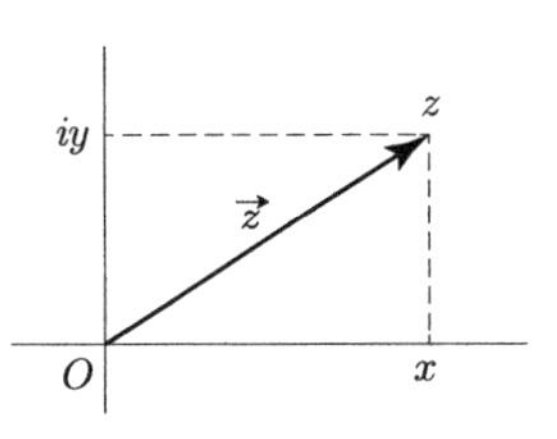

对于复数 $z=x+\mathrm{i}y$ 和 $w=u+\mathrm{i}v$，因为

$$z+w=x+u+\mathrm{i}(y+v)$$

所以

$$\overrightarrow{z+w}=(x+u,y+v)=(x,y)+(u,v)$$

因此

$$\overrightarrow{z+w}=\vec{z}+\vec{w}$$

同样

$$\overrightarrow{z-w}=\vec{z}-\vec{w}$$

因为复数的加减法即向量的加减法，所以可以用下图表示。

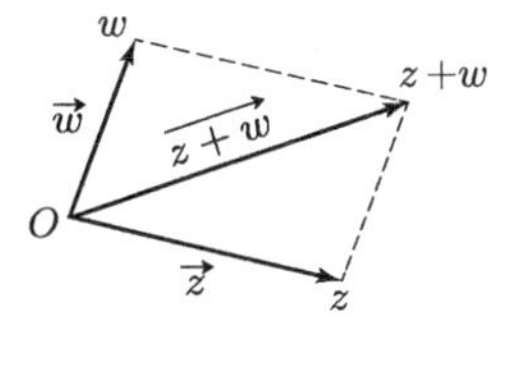

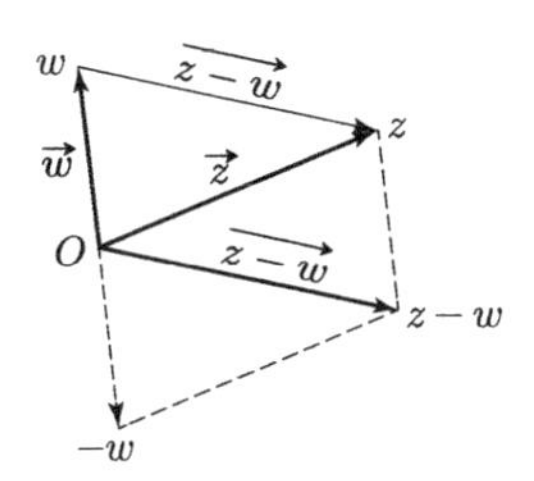

$\overrightarrow{z-w}$ 是以点 w 为起点、以 z 为终点的有向线段决定的向量。因此其长度 $|z-w|$ 等于 z 和 w 两点的距离。

线段 因为复数 $z = x + \mathrm{i}y$ 乘以实数 t 等于

$$tz = tx + \mathrm{i}ty$$

所以

$$\overrightarrow{tz} = (tx, ty) = t(x, y)$$

即

$$\overrightarrow{tz} = t\overrightarrow{z} \tag{7}$$

在复平面上，如果在连接点 w 和点 z 的线段 wz 上取一点 ζ[①]，那么

$$\overrightarrow{\zeta - w} = t(\overrightarrow{z - w}),\ 0 \leqslant t \leqslant 1$$

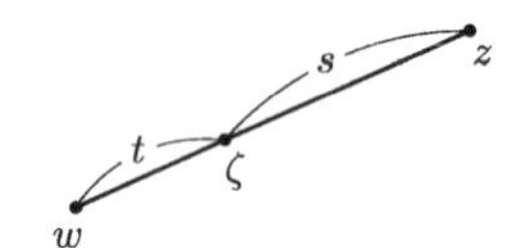

因此，根据 (7) 可知

$$\overrightarrow{\zeta - w} = \overrightarrow{t(z - w)}$$

所以

$$\zeta - w = t(z - w)$$

因此假设 $s = 1 - t$，那么

$$\zeta = w + t(z - w) = sw + tz$$

所以，线段 wz 上的任意一点可以表示为

$$sw + tz,\ s + t = 1,\ s \geqslant 0,\ t \geqslant 0$$

很明显，这个点以 $t : s$ 的比例内分线段 wz。线段 wz 的中点为

① 当说到线段 wz 时，wz 的意思是 w 和 z 呈并列的关系，不是复数 w 和 z 的乘积。

$$(8) \qquad \frac{1}{2}(w+z)$$

平行和垂直 对于复数 $z=x+\mathrm{i}y$ 和 $w=u+\mathrm{i}v$，因为

$$z\overline{w}=(x+\mathrm{i}\,y)(u-\mathrm{i}\,v)=xu+yv+\mathrm{i}\,(-xv+yu)$$

所以根据 (6) 可知

$$(9) \qquad \begin{cases} xu+yv=\mathrm{Re}\; z\overline{w}=\dfrac{1}{2}(z\overline{w}+\overline{z}w) \\ xv-yu=-\mathrm{Im}\; z\overline{w}=\dfrac{\mathrm{i}}{2}(z\overline{w}-\overline{z}w) \end{cases}$$

如右图所示，向量 $\vec{z}=(x,y)$ 和 $\vec{w}=(u,v)$ 相互平行的充要条件是

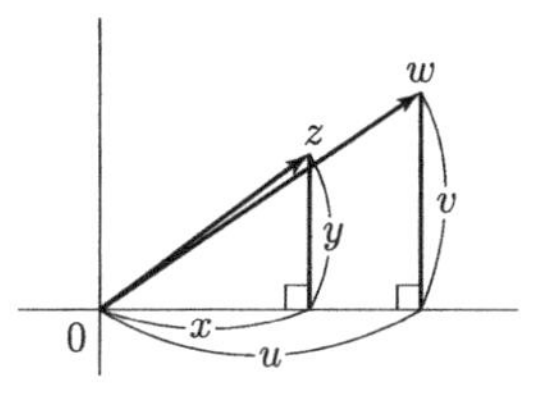

$$\frac{v}{u}=\frac{y}{x}$$

即

$$xv=yu$$

另外，根据右图可知，因为 $\overrightarrow{\mathrm{i}z}=(-y,x)$ 和 $\vec{z}=(x,y)$ 垂直，所以 $\vec{w}=(u,v)$ 和 $\vec{z}=(x,y)$ 相互垂直的充要条件是

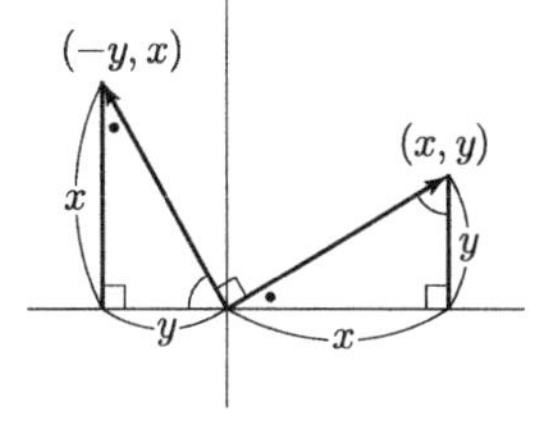

$$\frac{v}{u}=\frac{x}{-y}$$

即

$$xu = -yv$$

因此，根据(9)可知，$\vec{w}$ 和 $\vec{z}$ 相互平行的充要条件是

$$z\overline{w} - \overline{z}w = 0 \tag{10}$$

$\vec{w}$ 和 $\vec{z}$ 相互垂直的充要条件是

$$z\overline{w} + \overline{z}w = 0 \tag{11}$$

下面是复数在平面几何中的应用。

垂心 从三角形垂心的内容开始。

定理 经过△ ABC 的顶点 A、B、C 分别画出到其对边的三条垂线相交于一点。

这是第一章的定理 6.3。使用复数证明这个定理。在使用复数证明的过程中，如果准确地定好坐标，计算就变得简单。

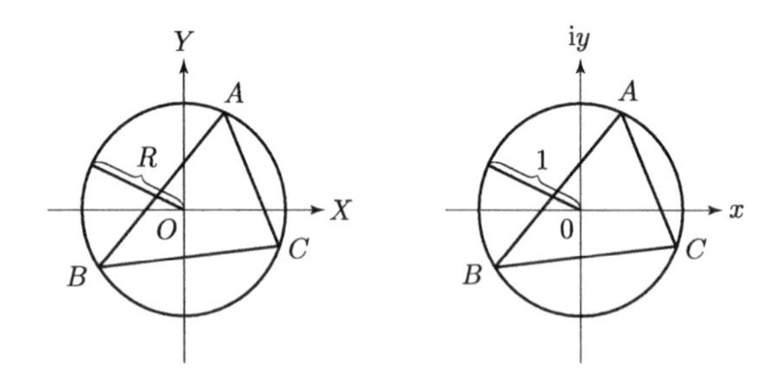

首先，$\triangle ABC$ 的外心是 O，如上图中的左图所示，定义坐标 XY 使得 O 为原点。然后，画出 $\triangle ABC$ 的外接圆，半径为 R。接着，

定义新的坐标 xy，$x=\dfrac{X}{R}$，$y=\dfrac{Y}{R}$，如上页图中的右图所示，导入复数坐标

$$z=x+\mathrm{i}y$$

在 xy 平面上，$\triangle ABC$ 的外接圆是以原点 0 为圆心、半径为 1 的圆，如果使用复数坐标 z，外接圆的方程式是

$$|z|^2=x^2+y^2=1 \tag{12}$$

把在复数平面上以 0 为圆心半径为 1 的圆周叫作**单位圆**。(12) 表示的是 $\triangle ABC$ 的外接圆是单位圆。如果 z 是单位圆上的任意一点，那么

$$z\overline{z}=|z|^2=1 \tag{13}$$

因此

$$\overline{z}=\frac{1}{z} \tag{14}$$

证明 做了以上的准备之后，我们来证明定理。设 $\triangle ABC$ 的顶点 A、B、C 的复数坐标分别是 α、β、γ。因为 $\triangle ABC$ 的外接圆是单位圆，所以根据 (13) 可知

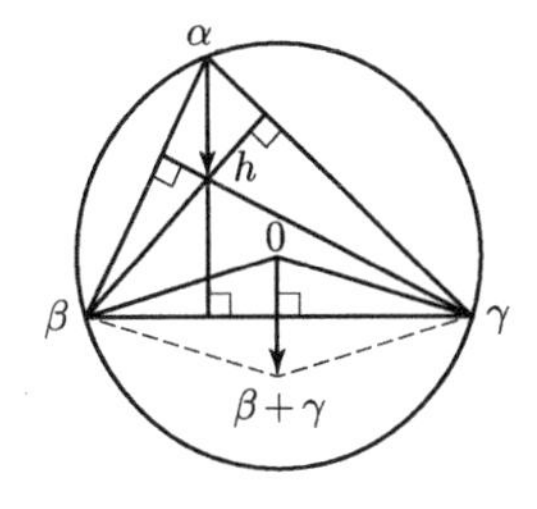

$$\beta\overline{\beta}=\gamma\overline{\gamma}=1$$

因此

$$
\begin{aligned}
&(\beta+\gamma)(\overline{\gamma-\beta})+(\overline{\beta+\gamma})(\gamma-\beta)\\
&\quad=(\beta+\gamma)(\overline{\gamma}-\overline{\beta})+(\overline{\beta}+\overline{\gamma})(\gamma-\beta)\\
&\quad=\beta\overline{\gamma}-\gamma\overline{\beta}+\overline{\beta}\gamma-\overline{\gamma}\beta=0
\end{aligned}
$$

因此，根据(11)可知，向量 $\overrightarrow{\beta+\gamma}$ 和 $\overrightarrow{\gamma-\beta}$ 垂直。

取点 h 使得向量 $\overrightarrow{h-\alpha}$ 和 $\overrightarrow{\beta+\gamma}$ 相同，那么

$$h=\alpha+\beta+\gamma \tag{15}$$

$\overrightarrow{h-\alpha}$ 和 $\overrightarrow{\gamma-\beta}$ 相互垂直，因此 h 在从顶点 α 到其对边 $\beta\gamma$ 作的垂线上。(15)是关于 α、β、γ 对称，所以 h 在经过顶点 β 画出其对边 $\gamma\alpha$ 的垂线上，另外，也在经过顶点 γ 画出其对边 $\alpha\beta$ 的垂线上。即，从 $\triangle ABC$ 的顶点 A、B、C 分别画出其对边的垂线，三条垂线在点 h 处相交(证毕)。

根据这个证明可知，(15)得出了 $\triangle ABC$ 垂心的复数坐标。

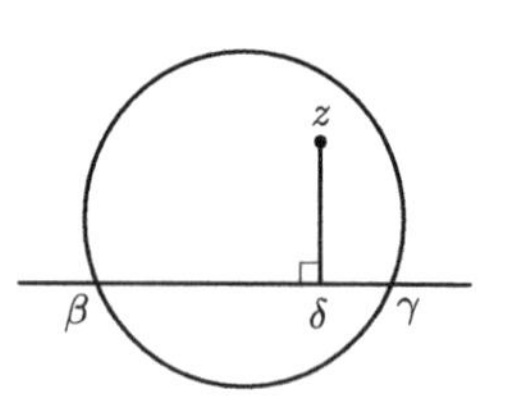

垂足 已知单位圆上两点 β 和 γ，经过任意一点 z 画出连接 β 和 γ 的直线 $\beta\gamma$ 的垂线，求出垂足。因为向量 $\overrightarrow{\delta-\beta}$ 和 $\overrightarrow{\gamma-\beta}$ 平行，且 $\overrightarrow{\delta-z}$ 和 $\overrightarrow{\gamma-\beta}$ 垂直，所以根据(10)和(11)，关于 δ 的联立方程式组

$$(\delta-\beta)(\overline{\gamma}-\overline{\beta})-(\overline{\delta}-\overline{\beta})(\gamma-\beta)=0,$$

$$(\delta-z)(\overline{\gamma}-\overline{\beta})+(\overline{\delta}-\overline{z})(\gamma-\beta)=0$$

成立。

把两个方程式的各边分别相加消除 $\overline{\delta}$ ，得到

$$(2\delta - z - \beta)(\overline{\gamma} - \overline{\beta}) + (\overline{\beta} - \overline{z})(\gamma - \beta) = 0$$

根据 (14) 得出

$$\overline{\beta} = \frac{1}{\beta},\ \overline{\gamma} = \frac{1}{\gamma}$$

所以

$$(2\delta - z - \beta)(\frac{\beta - \gamma}{\beta\gamma}) + (\frac{1}{\beta} - \overline{z})(\gamma - \beta) = 0$$

因此

$$2\delta - z - \beta - \gamma + \beta\gamma\overline{z} = 0$$

即

$$\delta = \frac{1}{2}(z + \beta + \gamma) - \frac{1}{2}\beta\gamma\overline{z} \tag{16}$$

九点圆定理 下面用复数来证明九点圆定理(第 94 页，定理 6.6)。

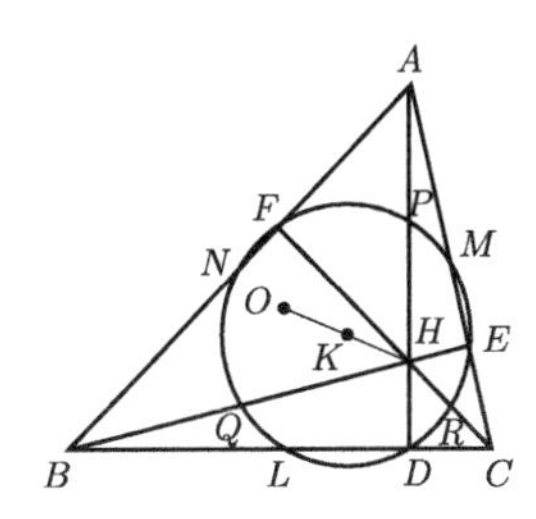

定理 经过 $\triangle ABC$ 的顶点 A、B、C 分别作其对边的垂线，垂足分别为 D、E、F，对边 BC、CA、AB 的中点分别

为 L、M、N，$\triangle ABC$ 的垂心为 H，线段 AH、BH、CH 的中点分别为 P、Q、R。这时，九个点 D、E、F、L、M、N、P、Q、R 在同一个圆上。

证明 设 $\triangle ABC$ 的外心为 O，外接圆的半径为 r，线段 OH 的中点为 K。求证以 K 为圆心、半径为 $\frac{r}{2}$ 的圆周通过九个点 D、L、P、E、M、Q、F、N、R。因此，定义坐标使得 $\triangle ABC$ 的外接圆为单位圆。当然，O 和原点 0 重合，$r=1$。A、B、C、D、H、K、L、P 的复数坐标分别为 α、β、γ、δ、h、k、l、p。因为 α、β、γ 是单位圆上的点，所以

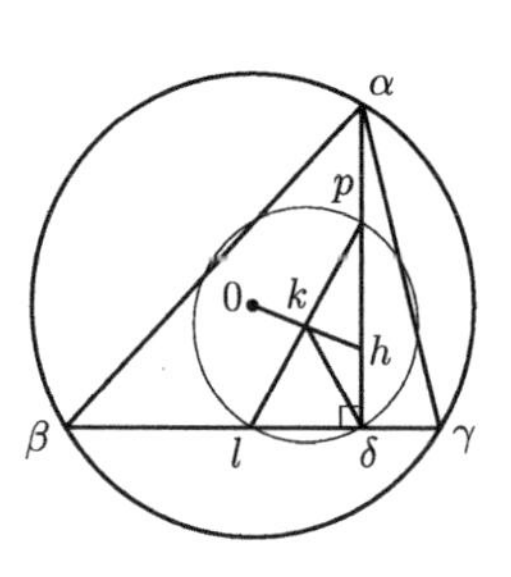

$$|\alpha|=|\beta|=|\gamma|=1$$

根据(15)可知

$$h=\alpha+\beta+\gamma$$

所以，根据(8)可知，线段 $0h$ 的中点是

$$k=\frac{h}{2}=\frac{1}{2}(\alpha+\beta+\gamma) \tag{17}$$

边 $\beta\gamma$ 的中点是

$$l=\frac{1}{2}(\beta+\gamma)$$

线段 αh 的中点是

$$p=\frac{1}{2}(\alpha+h)=\frac{1}{2}(2\alpha+\beta+\gamma)=\alpha+\frac{1}{2}(\beta+\gamma)$$

因此线段 pl 的中点是

$$\frac{1}{2}(p+l)=\frac{1}{2}(\alpha+\beta+\gamma)=k$$

线段 pl 的长度为

$$|p-l|=|\alpha|=1$$

因此，点 p 和点 l 在以 k 为圆心、半径为 $\frac{1}{2}$ 的圆周上。

接着，经过点 α 画出直线 $\beta\gamma$ 的垂线，垂足为 δ，根据(16)可知

$$\delta=\frac{1}{2}(\alpha+\beta+\gamma)-\frac{1}{2}\beta\gamma\overline{\alpha}$$

所以线段 $k\delta$ 的长度为

$$|\delta-k|=\left|\frac{1}{2}\beta\gamma\overline{\alpha}\right|=\frac{1}{2}\,|\beta|\,|\gamma|\,|\alpha|=\frac{1}{2}$$

因此 δ 也在以 k 为中心、半径为 $\frac{1}{2}$ 的圆周上。

这样一来，三点 D、L、P 都在以 k 为中心、半径为 $\frac{1}{2}$ 的圆周上。同样，E、M、Q 和 F、N、R 也都在以 k 为中心、半径为 $\frac{1}{2}$ 的圆周上(证毕)。

西姆松定理及其逆定理 第一章的西姆松定理(第 95 页，定理 6.7) 及其逆定理(第 97 页，定理 6.8)，也可以使用复数来证明。

定理(西姆松定理及其逆定理) 点 Z 在 $\triangle ABC$ 的外接圆上的充要条件是经过点 Z 作到三边 BC、CA、AB 的垂线，垂足分别为 D、E、F。但是，Z 是不同于顶点 A、B、C 中任何一点的点。

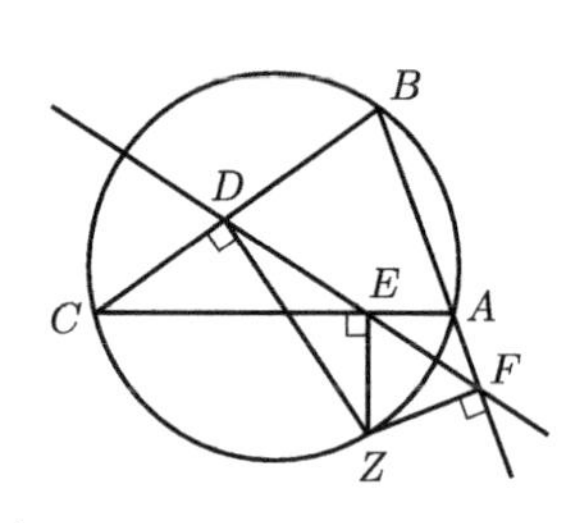

证明 $\triangle ABC$ 的外接圆是单位圆，A、B、C 的复数坐标分别为 α、β、γ。然后，取与 α、β、γ 不同的点 z，经过 z 作到直线 $\beta\gamma$、$\gamma\alpha$、$\alpha\beta$ 的直线，垂足分别为 δ、ε、φ。根据 (10) 可知，三个点 δ、ε、φ 在同一条直线上的充要条件，即向量 $\overrightarrow{\varepsilon-\delta}$ 和 $\overrightarrow{\varphi-\delta}$ 平行的充要条件是

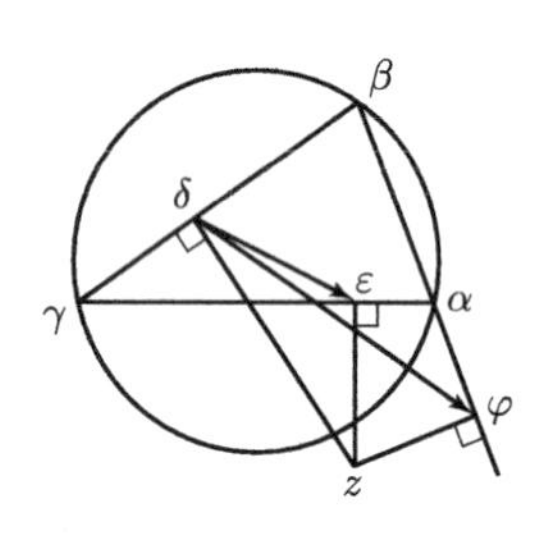

$$(18) \qquad (\varepsilon-\delta)(\overline{\varphi}-\overline{\delta})-(\overline{\varepsilon}-\overline{\delta})(\varphi-\delta)=0$$

根据 (16)

$$\begin{aligned}
\delta &= \frac{1}{2}(z+\beta+\gamma)-\frac{1}{2}\beta\gamma\overline{z},\\
\varepsilon &= \frac{1}{2}(z+\gamma+\alpha)-\frac{1}{2}\gamma\alpha\overline{z},\\
\varphi &= \frac{1}{2}(z+\alpha+\beta)-\frac{1}{2}\alpha\beta\overline{z},
\end{aligned}$$

因此

$$\varepsilon-\delta=\frac{1}{2}(\alpha-\beta)(1-\gamma\overline{z}),$$
$$\varphi-\delta=\frac{1}{2}(\alpha-\gamma)(1-\beta\overline{z})$$

因为 α、β、γ 是单位圆上的点，所以根据(14)可知$\overline{\alpha}=\frac{1}{\alpha}$，$\overline{\beta}=\frac{1}{\beta}$，$\overline{\gamma}=\frac{1}{\gamma}$。

因此

$$\begin{aligned}\overline{\varphi}-\overline{\delta}&=\frac{1}{2}(\overline{\alpha}-\overline{\gamma})(1-\overline{\beta}z)\\&=\frac{1}{2}(\frac{1}{\alpha}-\frac{1}{\gamma})(1-\frac{z}{\beta})=\frac{1}{2\alpha\beta\gamma}(\gamma-\alpha)(\beta-z)\end{aligned}$$

所以

$$(\varepsilon-\delta)(\overline{\varphi}-\overline{\delta})=\frac{1}{4\alpha\beta\gamma}(\alpha-\beta)(\gamma-\alpha)(\beta-z)(1-\gamma\overline{z})$$

同理

$$(\overline{\varepsilon}-\overline{\delta})(\varphi-\delta)=\frac{1}{4\alpha\beta\gamma}(\alpha-\gamma)(\beta-\alpha)(\gamma-z)(1-\beta\overline{z})$$

这两个等式右边相减后除以公约数 $\frac{1}{4\alpha\beta\gamma}(\gamma-\alpha)(\alpha-\beta)$ 得出

$$(\beta-z)(1-\gamma\overline{z})-(\gamma-z)(1-\beta\overline{z})=(\beta-\gamma)(1-z\overline{z})$$

因此，若设

$$c=\frac{1}{4\alpha\beta\gamma}(\gamma-\alpha)(\alpha-\beta)(\beta-\gamma)$$

等式

$$(19)\qquad (\varepsilon-\delta)(\overline{\varphi}-\overline{\delta})-(\overline{\varepsilon}-\overline{\delta})(\varphi-\delta)=c(1-z\overline{z})$$

成立。

在这里，右边的 c 是由 $\triangle ABC$ 定义的不为 0 的常数。

从这个等式 (19) 中可以立刻推导出西姆松定理及其逆定理。即，$\triangle ABC$ 的外接圆是单位圆，如果 z 在 $\triangle ABC$ 的外接圆上，那么

$$z\overline{z}=|z|^2=1$$

因此，根据 (19) 可知条件 (18) 成立，因此三个点 δ、ε、φ 在同一条直线上。相反，如果三个点 δ、ε、φ 在同一条直线上，那么 (18) 成立，所以根据 (19) 可知

$$|z|^2=z\overline{z}=1$$

z 在 $\triangle ABC$ 的外接圆上（证毕）。

使用平面几何来严密地证明西姆松定理及其逆定理 ①，这是非常复杂的。与此相比，上述使用复数来证明的话就很简单。但是，并不是说平面几何的所有定理使用复数都可以简单地证明。例如，前面说到的九点圆定理，使用复数来证明的方法和使用平面几何来证明的方法大致上差不多。复数的应用是否有效需要根据定理来判断。

① 出自《有趣的几何》，第 151—164 页。

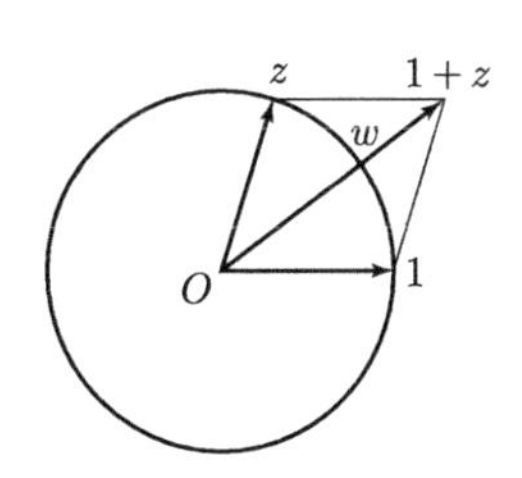

内心 从求复数 z，$|z|=1$ 的平方根开始。很明显，$z=-1$ 的平方根是 $\pm\sqrt{-1}=\pm\mathrm{i}$，$z\neq-1$。设 $w=\dfrac{1+z}{|1+z|}$，因为 $z\overline{z}=|z|^2=1$，所以

$$w^2=\frac{(1+z)^2}{|1+z|^2}=\frac{(1+z)^2}{(1+z)(1+\overline{z})}=\frac{1+z}{1+\overline{z}}=\frac{z\overline{z}+z}{1+\overline{z}}=z$$

因此，w 是 z 的平方根之一。用 $\sqrt{z}$ 表示平方根 w，即**定义**

$$\sqrt{z}=\frac{1+z}{|1+z|}$$

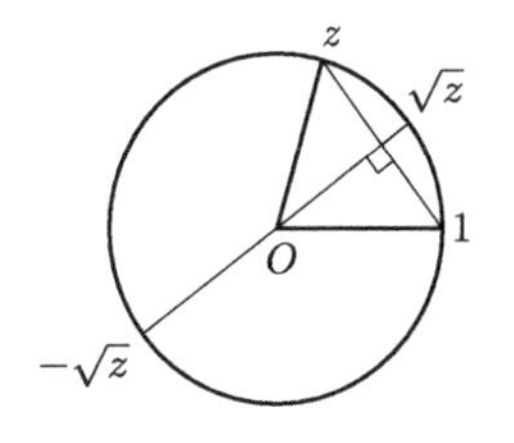

这样一来得出 z 的平方根是 $\pm\sqrt{z}$ 。

画出 $\triangle ABC$ 的外接圆，如右图所示，设弧 $\overset{\frown}{BC}$、$\overset{\frown}{CA}$、$\overset{\frown}{AB}$ 的中点分别是 L、M、N，根据第一章第 6 节的例题 2 可知，$\triangle ABC$ 的内心 I 是 $\triangle LMN$ 的垂心。以此来求内心 I 的复数坐标。

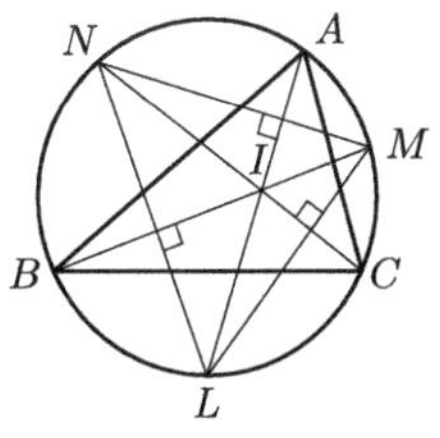

假设 $\triangle ABC$ 的外接圆是单位圆，分别用希腊文字 A、B、Γ 表示顶点 A、B、C 的复数坐标，设

$$(20)\qquad \alpha=\pm\sqrt{A}，\beta=\pm\sqrt{B}，\gamma=\pm\sqrt{\Gamma}$$

（之后决定平方根怎么取舍）。当然，α^2、β^2、γ^2 是 A、B、C 的复数坐标，因为

$$|\alpha|^2 = \left|\alpha^2\right| = |A| = 1$$

所以 $|\alpha| = 1$，同样 $|\beta| = 1$、$|\gamma| - 1$，因此

$$\overline{\alpha} = \frac{1}{\alpha},\ \overline{\beta} = \frac{1}{\beta},\ \overline{\gamma} = \frac{1}{\gamma}$$

L、M、N 的复数坐标为 Λ、M、N。

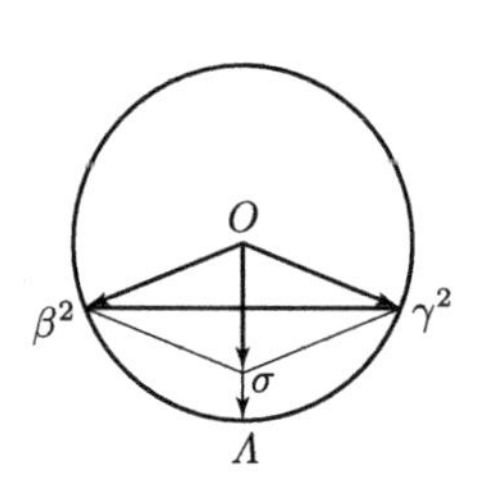

设

$$\sigma = \beta^2 + \gamma^2$$

那么向量 $\vec{\sigma}$ 垂直于 $\overrightarrow{\gamma^2 - \beta^2}$（第 186 页），

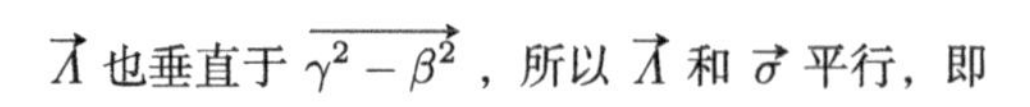
$\vec{\Lambda}$ 也垂直于 $\overrightarrow{\gamma^2 - \beta^2}$，所以 $\vec{\Lambda}$ 和 $\vec{\sigma}$ 平行，即

$$\Lambda = t\sigma，t\ 为实数$$

因为

$$|t|\,|\sigma| = |t\sigma| = |\Lambda| = 1$$

所以

$$|t| = \frac{1}{|\sigma|}$$

即

$$t = \pm\frac{1}{|\sigma|}$$

因此

(21) $$\Lambda = \pm\frac{1}{|\sigma|}\sigma$$

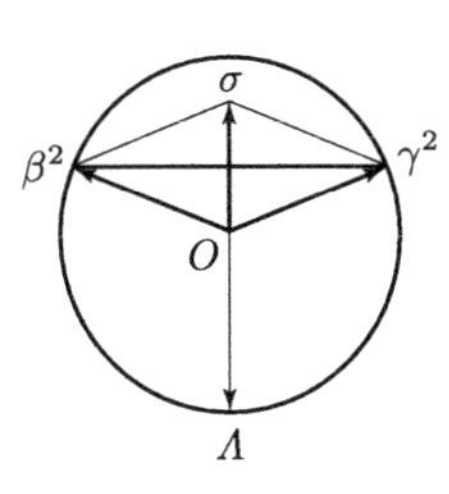

等式右边的符号如果像前页的图一样，如果 $\widehat{BC}$ 是劣弧的话就为 +，如果 $\widehat{BC}$ 是优弧的话就为 −。因为

$$\overline{\sigma} = \overline{\beta}^2 + \overline{\gamma}^2 = \frac{1}{\beta^2} + \frac{1}{\gamma^2} = \frac{\beta^2+\gamma^2}{\beta^2\gamma^2} = \frac{\sigma}{\beta^2\gamma^2}$$

所以

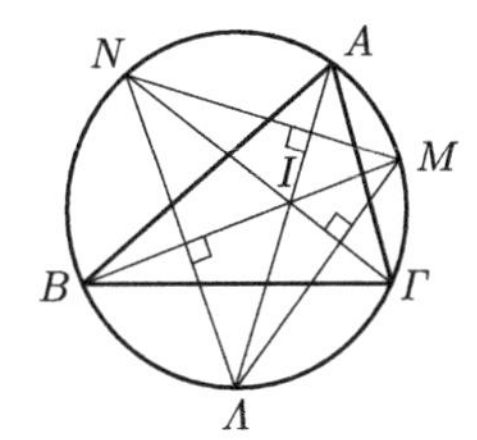

$$|\sigma|^2 = \sigma\overline{\sigma} = \frac{\sigma^2}{\beta^2\gamma^2}$$

因此

$$|\sigma| = \pm\frac{\sigma}{\beta\gamma}$$

所以根据(21)可知

$$\Lambda = \pm\beta\gamma$$

如果求 M 和 N 的话，同理

$$M = \pm\gamma\alpha,\ N = \pm\alpha\beta$$

Λ、M、N 的符号 由(20)的 α、β、γ 决定。首先，α 的符号定义为 +、− 中的一个。总之，定义 β 和 γ 使

(22) $$M = -\gamma\alpha,\ N = -\alpha\beta$$

得出 $\Lambda=-\beta\gamma$。如下内容所示，这一点很容易证明。线段 $A\Lambda$ 和 MN 互相垂直，即向量 $\overrightarrow{\Lambda-A}$ 和 $\overrightarrow{N-M}$ 互相垂直，所以根据 (11) 可知

$$(\Lambda-A)(\overline{N}-\overline{M})+(\overline{\Lambda}-\overline{A})(N-M)=0$$

又因为 A、Λ、M、N 在单位圆上，所以

$$\overline{A}=\frac{1}{A},\ \overline{\Lambda}=\frac{1}{\Lambda},\ \overline{M}=\frac{1}{M},\ \overline{N}=\frac{1}{N}$$

因此

$$(\Lambda-A)\left(\frac{1}{N}-\frac{1}{M}\right)+\left(\frac{1}{\Lambda}-\frac{1}{A}\right)(N-M)=0$$

即

$$(\Lambda-A)(M-N)(A\Lambda+MN)=0$$

所以

$$A\Lambda+MN=0$$

代入 $A=\alpha^2$，$M=-\gamma\alpha$，$N=-\alpha\beta$，那么

$$\alpha^2\Lambda+\alpha^2\beta\gamma=0$$

因此

$$\Lambda=-\beta\gamma$$

因为 $\triangle ABC$ 的内心 I 是 $\triangle LMN$ 的垂心，所以根据 (15) 可知，I 的复数坐标为

$$\iota=\Lambda+M+N=-\beta\gamma-\gamma\alpha-\alpha\beta$$

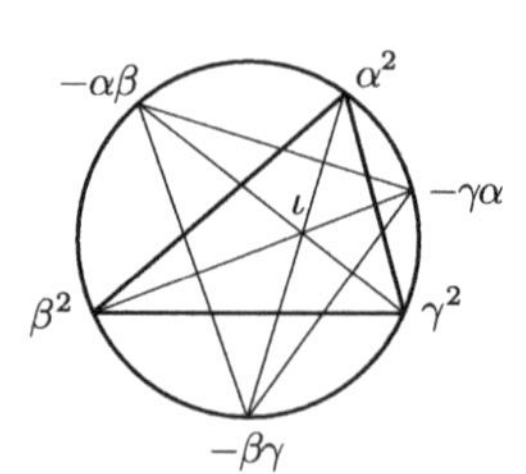

即，设 $\triangle ABC$ 的外接圆为单位圆，定

义 α、β、γ 的符号 $\pm$ 使(22)成立，那么 $\triangle ABC$ 内心 I 的复数坐标为

$$\text{(23)} \qquad \iota = -\beta\gamma - \gamma\alpha - \alpha\beta \text{ ①}$$

这时，顶点 A、B、C 的复数坐标为分别为 α^2、β^2、γ^2。

费尔巴哈定理 在本书的最后介绍如何使用复数证明第 I 章末尾讲述的费尔巴哈定理(第 115 页，定理 7.5)。

定理(费尔巴哈定理) 三角形的内切圆与其九点圆相切。

证明② 设 $\triangle ABC$ 的外接圆为单位圆，定义 α、β、γ 的符号 $\pm$ 使得(22)成立。那么，顶点 A、B、C 的复数坐标为 α^2、β^2、γ^2，根据(23)$\triangle ABC$ 的内心 I 的复数坐标为

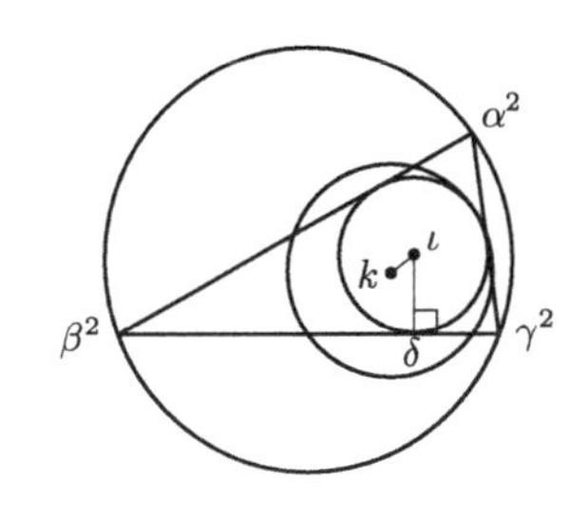

$$\iota = -\beta\gamma - \gamma\alpha - \alpha\beta$$

从内心 ι 画出到边 $\beta^2\gamma^2$ 的垂线，垂足为 δ，那么内切圆的半径为

$$r = |\delta - \iota|$$

根据(17)可知，九点圆的圆心为

① 岩田至康编:《几何学大辞典 1》，第 50 页。这个公式是当 $\triangle ABC$ 的外接圆为单位圆为坐标时使用的。关于使用一般坐标时的公式:《复数几何学》，数学入门系列第 3 卷，岩波书店，参照第 172 页。

② 岩田至康编:《几何学大辞典 1》，第 276 页，费尔巴哈定理的证明 11。

$$k = \frac{1}{2}(\alpha^2 + \beta^2 + \gamma^2)$$

因为九点圆的半径为$\frac{1}{2}$，所以为了证明内切圆内切于九点圆，只需要证明等式

$$(24) \qquad |k - \iota| - \frac{1}{2} - r$$

成立即可。

首先

$$k - \iota = \frac{1}{2}(\alpha^2 + \beta^2 + \gamma^2) + \beta\gamma + \gamma\alpha + \alpha\beta = \frac{1}{2}(\alpha + \beta + \gamma)^2$$

如果

$$s = \alpha + \beta + \gamma$$

那么

$$(25) \qquad k - \iota = \frac{1}{2}s^2$$

接着，根据(16)可知

$$\delta = \frac{1}{2}(\iota + \beta^2 + \gamma^2) - \frac{1}{2}\beta^2\gamma^2\bar{\iota}$$

因此

$$\delta - \iota = \frac{1}{2}(\beta^2 + \gamma^2 - \iota) - \frac{1}{2}\beta^2\gamma^2\bar{\iota}$$

又由于

$$(26)\quad -\bar{\iota} = \bar{\beta}\,\bar{\gamma} + \bar{\gamma}\,\bar{\alpha} + \bar{\alpha}\,\bar{\beta} = \frac{1}{\beta\gamma} + \frac{1}{\gamma\alpha} + \frac{1}{\alpha\beta} = \frac{\alpha + \beta + \gamma}{\alpha\beta\gamma}$$

因此

$$\begin{aligned}\delta - \iota &= \frac{1}{2}\left(\beta^2 + \gamma^2 + \beta\gamma + \gamma\alpha + \alpha\beta + \frac{\beta\gamma}{\alpha}(\alpha + \beta + \gamma)\right)\\ &= \frac{1}{2}\beta\gamma\left(\frac{\beta}{\gamma} + \frac{\gamma}{\beta} + \frac{\alpha}{\beta} + \frac{\alpha}{\gamma} + \frac{\beta}{\alpha} + \frac{\gamma}{\alpha} + 2\right)\end{aligned}$$

另一方面，

$$\begin{aligned}s\bar{s} &= (\alpha + \beta + \gamma)(\bar{\alpha} + \bar{\beta} + \bar{\gamma}) = (\alpha + \beta + \gamma)(\frac{1}{\alpha} + \frac{1}{\beta} + \frac{1}{\gamma})\\ &= \frac{\alpha}{\beta} + \frac{\alpha}{\gamma} + \frac{\beta}{\alpha} + \frac{\beta}{\gamma} + \frac{\gamma}{\alpha} + \frac{\gamma}{\beta} + 3\end{aligned}$$

所以

$$(27)\qquad \delta - \iota = \frac{1}{2}\beta\gamma(s\bar{s} - 1)$$

根据(26)可知

$$\frac{s}{\alpha\beta\gamma} = -\bar{\iota}$$

因为

$$|\alpha|=|\beta|=|\gamma|=1$$

所以

$$s\bar{s}=|s|^2=|\iota|^2$$

又因为 ι 是内切单位圆的 $\triangle ABC$ 的内心，所以 $|\iota|<1$。因此

$$s\bar{s}=|s|^2<1$$

所以根据（27）可知

$$r=|\delta-\iota|=\frac{1}{2}(1-|s|^2)$$

另一方面根据（25）可知

$$|k-\iota|=\frac{1}{2}|s|^2$$

所以

$$r=\frac{1}{2}-|k-\iota|$$

即（24）的等式

$$|k-\iota|=\frac{1}{2}-r$$

成立（证毕）。

图灵新知 · 数学

《数学与生活（修订版）》
《用数学的语言看世界》
《你不可不知的 50 个数学知识》
《神奇的数学：牛津教授给青少年的讲座》
《玩不够的数学：算术与几何的妙趣》
《思考的乐趣：Matrix67 数学笔记》
《浴缸里的惊叹：256 道让你恍然大悟的趣题》

《数学女孩》
《数学女孩 2：费马大定理》
《数学女孩 3：哥德尔不完备定理》

《数学思维导论：学会像数学家一样思考》
《庞加莱猜想：追寻宇宙的形状》
《一个定理的诞生：我与菲尔茨奖的一千个日夜》
《数学悖论与三次数学危机》
《度量：一首献给数学的情歌》
《数学与音乐的创造力：捕捉未知与无形》
《证明达尔文：进化和生物创造性的一个数学理论》